力口木木 著
Licomumu

人生不过三十而已

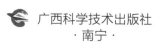
广西科学技术出版社
·南宁·

著作权合同登记号　桂图登字：20-2025-104 号

本书通过四川一览文化传播广告有限公司代理，经精诚信息股份有限公司 - 悦知文化授权北京三得文化有限公司于中国大陆（台港澳除外）地区之中文简体版版本独家出版发行。该专有出版权受法律保护，非经书面同意，任何人不得以任何形式，任意重制转载、侵害之。

图书在版编目（CIP）数据

人生不过三十而已 / 力口木木 Licomumu 著 . -- 南宁 : 广西科学技术出版社，2025. 5. -- ISBN 978-7-5551-2308-8

Ⅰ . B821-49

中国国家版本馆 CIP 数据核字第 20249BG463 号

RENSHENG BUGUO SANSHI ERYI
人生不过三十而已
力口木木 Licomumu　著

策划编辑：许　许　责任编辑：朱　燕　责任校对：冯　靖
美术编辑：榕　晨　责任印制：陆　弟　封面设计：门乃婷

出 版 人：岑　刚　　　　　　　出版发行：广西科学技术出版社
社　　址：广西南宁市东葛路 66 号　　邮政编码：530023
网　　址：http://www.gxkjs.com　　编辑部电话：0771-5786242
经　　销：全国各地新华书店
印　　刷：运河（唐山）印务有限公司
地　　址：唐山市芦台经济开发区农业总公司三社区　　邮政编码：530007

开　　本：880mm ×1230mm　32 开
字　　数：160 千字　　　　　　　印　　张：7.5
版　　次：2025 年 5 月第 1 版　　　印　　次：2025 年 5 月第 1 次印刷
书　　号：ISBN 978-7-5551-2308-8
定　　价：45.00 元

目 录

辑一　三十而已

给走在生存路上
步步为营的你

辑二　自我成长

给走在大人路上
被世界为难的你

辑三　人际交往

 给一直处在职场上升期
正努力变强的你

辑四　分岔路上

给走在梦想的路上
需要勇气的你

辑五　心怀浪漫

给走在高级路上
做自己的你

后记

辑 一

三十而已

给走在生存路上
步步为营的你

可以坦荡，
但没必要太直接

做人要方正，做事须圆滑

关于真诚

这世上有一种人，注定会吃很多"太真"的亏。

在这里，我说的不是"讲话比较直"这种"太白痴的真"。"白目"与"真诚"是两回事，不顾别人的感受，喜欢直接公开指出别人的弱点是"自私"，这就是病了。这病得治，药还不能停。

我说的是"说真话、办真事、求真知"这种坦荡的"真"。

尽管我们从小就被教育"坦荡是种美德"，但这个社会同时又试图驯服我们去接受一种人性的悖论。"把话说对，不见得是好的，但是做得对"与"把话说好，不见得是对的，但是做得好"，我花了大半辈子的时间去学习如何平衡二者。

就比如，"直言不讳说出观点，高效沟通直奔重点"是很多人的做事风格，但是对于有玻璃心的人，抑或习惯用词含糊、避重就轻、见风使舵、无限拖延、趋炎附势的人而言，这种拥有"明确观点"和"直入重点"的人，往往就会被视为"攻击性角色"——是敌人，得防！很多时候我就纳闷了，这实在无关处事圆不圆滑呀！如果做事的时候都要拐着弯说话，这到底是哪儿来的毛病？

为何总是要等到危机出现，才实话实说呢？为何明明可以预防的事情，却非得等到发生了才来追责呢？到底是因为担心一开始多说多错，还是害怕担责？难道只有习惯了避重就轻，一旦出事才能"明哲保身"？

只是，当你发现即使就事论事，同样的事情也还是会因为说法不同而有很大的差别时，你就会明白，有时候事实一点都不重要，重要的是由谁来解释这些事实。不过，我们总不能老让自己吃亏吧，还是得找方法呀。慢慢地，随着职务的变动，我身边就会出现一种特别可爱的角色——本人的"官方发言人"。

小智，典型的复杂型人格，在美国接受艺术教育，家族生意为某日货品牌代理。接受过西方教育的熏陶，拥有独立思考的能力和专业素养的自信，他明明行事可以果断坚定，却总在某种自我约束之下压抑着情绪，缺少展现个性和主见的勇气，即便自己心情不爽或不开心，也能做到礼貌和忍让。在我看来，这简直是种无比"真诚"的虚伪。

工作中，为了避免我的直言沟通会伤害对方的玻璃心，也为了防止我的硬气态度被人断章取义，除非是直接面对面沟通的现场会议，只要对方是老板、投资人或是乙方，但凡需要靠通信软件或电子邮件来表达立场，我就会让小智来替我"润饰"文字。

举例，我会这样写：

亲爱的×××：

这边几件事情须说明。双方的合作以信任为前提，但过去我方一直在妥协，而这次贵公司仍拒绝我们提出的调整要求，这实在让人无法接受。在此重申我们的立场：我方支付费用让贵公司设计师做作品集，但经多次沟通，贵公司团队始终不予配合，这破坏了我们之间长期以来的良好合作关系。我们做事，重在讲求职业精神，做事如果能讲究就不将就，提出以上要求都是我方职责所在，盼能理解。我将如实向老板汇报细节，希望贵公司能够配合并加快进度。如有任何疑问，请不吝与我们联系。

小智却会这样写：

亲爱的×××：

非常抱歉打扰您，这里有一些想法需要与您讨论。在我们的合作过程中，我们一直以尊重和友善的态度向贵公司提出意见，并且愿意做出许多妥协。回顾过去的沟通，我们认为大部分的要求都在合理的范围内，但贵公司还是只愿接受少数调整，甚至拒绝。对于我们的需求可能带给贵公司的困扰，我深感抱歉。

无论如何，希望您能理解我们只是希望认真地完成工作，而不仅仅是草草了事。我相信这是每位专业人士所追求的心态，也是对工作负责任的表现。我们的沟通过程一直保持透明和公开，我们提出的要求和回应的态度也都合情合理。在确认这些事项后，我将如实向上级汇报这些细节，之后才可以顺利进入工程阶段。

我们非常感谢贵公司的努力和付出。如果需要进一步沟通，请随时与我们联系。再次向您表达歉意，希望我们能够以一种友好和具有建设性的方式继续合作。

就这样，明明五句话能告知对方的重点，小智可以用"请、谢谢、对不起"等谦卑地写个"通体舒畅"。

如果说所谓的人情世故，就是被人欺负了也要绕一大圈说话，那么以小智的"卓越表现"，我也算慧眼识小智为"英雄"了。而小智也不负我望，被我训练成我的"官方发言人"了。

○ 无比真诚的虚伪，还是虚伪吗？

平心而论，站在做事的角度，这根本无关说话圆滑与否，但一个不愿违心的人站在利益前面，一旦做"对的事"、说"真的话"，就容易成为"错的人"。若再被牵扯进利益的斗争里，他则难免会吃亏。

只是，哪怕大家最后都选择把"真话"吞了下去，不愿违背心意的我还是不想变成自己最讨厌的那种人。那么，既然不想让虚伪带走真诚，用虚伪包装真话就成了一种可行的选择。

所以，我从不觉得对不同的人说不同的话、表现出不一样的态度就是虚伪。这就像我可以穿高跟鞋，也可以穿平底鞋；我可以喝生啤，也可以喝红酒；我可以吃路边摊，也可以去大饭店；我可以很强势，当然也可以很温柔……

这并不是心口不一，而是一种非常可贵的技能。

凡事没有绝对。我做人做事的态度本来就取决于"你"是谁。只要"你"是真诚的，那么就算是无比真诚的虚伪，也还是真诚的。

正如蔡康永说过的："社交时有面具可戴，是值得庆幸的事，为什么要排斥？"

你若是接受不了，那不如想得浪漫一点，权当是"上升星座"的概念好了。

我们都知道"做人要方正，处事须圆滑"的道理，但圆滑，是相对于方正的四角而言的。它可以锐利带刺，当然也可以圆滑柔和，不过前提是——它的本体是方正的。

因此，我始终深信：就算处事要圆滑，不代表就得扮演小人；就算从商要手段，不代表就必须狡诈；以真处事，以诚待人，就算吃亏也值得。毕竟圆的东西堆不高，方方正正才能堆得高，做人也如此。

无比真诚的虚伪，可能只是面具；无比虚伪的真诚，却比魔鬼更可怕。什么是虚伪？是你假装对我好，以此欺骗我，用你的假意糟蹋我的真心，这才是虚伪。

老天爷不公平，
但一定公道

先认命，才能有"韧命"

■ 关于公平

我身边总会有一些人内心充满愤恨，认为世界不公平。看到纨绔子弟，他们就会想"他女人缘好，还不是因为家里很有钱"，或者"他又不愁吃穿，当然什么事情都说得简单"；看到女主播嫁得好，就认为"反正只要长得漂亮，谁管她内在怎么样"，或者"我明明很优秀，但只是没有人家漂亮，于是就没人想来了解我呀"……

其实，不管是"仇富""仇美"还是"仇女"，讲白了就是对人生赢家的仇恨，或是打心眼里对某一社会阶级的傲慢与偏见。这背后他最仇（愁）的一个真相其实是——"那个人为什么不能是他自己"。

先以"仇富"来说，这种因嫉妒而产生的酸葡萄心理，是人性，很正常。坦白来说，若把时间轴拉长一点来看，竞争从家族的上一代就开始了。在台湾称"靠爸"，在大陆叫"拼爹"……管他是爸还是爹，反正人家的老爸就是比你的老爸还要努力呀！

这样就无所谓公不公平了，不是吗？

说得再直白一点，都说"富走三代"，你家前两辈不努力，只到你这一辈苦读十年寒窗，又怎能抵得过人家三代的努力呢？这背后还有一个人间真实是：你爸不努力，就得从你开始努力；你不努力，就得从你儿子开始努力。若是连你自己也不想努力，那凭什么还跟人讲公平不公平？！

要知道，很多富二代从小就缺少父母陪伴，要么是由长辈一手带大，要么是早早被送出国念书。他们的父母也总是等到事业稳定了，有了专人协助打理企业后，才缓下脚步。然而孩子也长大了，之前的成长缺少父母陪伴，彼此间也只剩下"相敬如宾"了。

虽然不能用"有舍有得"来简单地形容这样的状态，但没有比较就没有伤害。当人家的父母冒着高风险去奋斗打拼，牺牲了安逸生活的岁月，舍弃了亲子相处的时光，你的父母却追求平淡安稳、小富即安，该吃吃该喝喝，只想过好自己的小日子。而现在，你却要求过上和人家一模一样的生活，可能吗？如果可能……这，才叫不公平吧？

再把时间轴转向我们这一代。

这就像中距离赛跑。乍看之下，起跑线上跑道外圈的选手好像比跑道内圈的选手超前一截，事实上这样的交错安排为的就是让每位选手跑同样的距离。

也许富二代有着更好的出身背景或人脉，但该跑多长的距离照样还是得跑。他们也要与别人一样上学、用心，也会跟别人一样自我怀疑、自我否定，也想在工作和玩乐中找到平衡，也会问自己"想要的是什么"……论感受，大家面对与感受到的苦与乐都是相同的。而且，这些所谓富二代背后往往付出超出我们想象的努力。除了要像我们一样为了生存而努力，他们还得努力摆脱其他枷锁。就好比"经营之神"王永庆的女儿王雪红，她抵押了自己的房子，贷款五百万作为初创威盛电子（VIA）的创业资金，后来更是带领公司夺得美国手机市场占有率第一的宝座……她这"富二代"可以说当得很不轻松。

这世上最可怕的，不是别人比我们聪明或有钱，而是别人不仅比我们聪明或有钱，还比我们更努力、更上进！正所谓

"欲戴其冠，必承其重"，如果我们连自己都养活不了，又怎么能扛下养活千千万万名员工的重担？

无论这个世界如何改变、这个社会如何变迁，一个人的成功与失败都是自找的，与公平不公平毫无关系。如果你到现在还不能明白这一点，那至少我明白了"为什么你的人生会这样不如意"的原因了。

○ 强者接受事实并且创造机会，弱者只会在抱怨中等待机会

生而为人会有嫉妒、不平等情绪，是很正常的事，只是有些人选择"严以律己"去"起而行"改变，有些人却选择"苛以待人"用"一张嘴"一味抱怨。

在"起而行"的过程中，人经历得越多，就越会懂得很多事情不是表面上看到的那么简单的。事无绝对，唯有靠自己去改变。相反，"一张嘴"抱怨得越多，就越是想用批评和嘲讽的方式去说服别人。其实，他自己才是那个他最想说服的人，因为只有这样，他才可以将所有不好的结局合理化。

强者会接受事实，想办法创造机会；而弱者只会埋怨别人不识自己，坐等机会上门。别忘了，正因为世界不公平，我们才有机会用实力讨公道、求生存；也正因为世界不公平，我们努力才会有成功的希望。抱怨，从来都是自己无能的表现。

我们不能老是想用公平谈生存，却又反过来想要以公道论世界，因为你越想和世界计较"得到"，生存就越会让你"得不到"。

如果你才华横溢，就全力以赴去追求你的梦想；如果你的才华支撑不起你的梦想，那就请先放下你的大志，静下心来步步累积。

真的不需要埋怨自己的出身，也不需要羡慕人家有个好爸爸；不要抱怨自己的公司，也不要怪罪没人赏识自己的才华。这世界最没有意义的语言就是抱怨，与其花时间自怨自艾，不如暗自努力，寻找机会离开你不屑的环境。

你一直说、一直讲、一直埋怨、一直发牢骚，你就算真的那么清楚"富人的世界"，也只能是"旁观者清"。

想改变现状，先改变心态，因为不管你是正面迎战，还是消极抱怨，从来没有人可以跟生活讨价还价。想要多一些选择，就多做一些努力。对大多数的人而言，"努力奋斗"只是为了"活着"，别老冠上"成功"这种冠冕堂皇的理由，再拿成功与公平的关系为自己的失败与悲惨人生找借口了。

你现在的生活，也许不是你想要的，面对未能改变的事实，先认命，才能有"韧命"。不然，一味抱怨下去，也许这辈子就注定无法改变了。

别拿"认真就输了"这种话当借口

你还没赢过，又怎么好意思说输赢

关于认真

从前我特别讨厌别人说"一认真你就输了"。这明明是一句要人别较真的玩笑话，偏偏从某些人的嘴里讲出来，就变成了一种对别人工作、爱情，甚至整个人生价值观的嘲讽。

不能说这句话不对，因为它确实有那么一点道理。只是有些人老用那一副潇洒、大无畏的模样，揶揄别人活得那么认真，搞得好像这个年代大家都得放下认真，活得才够酷一样。什么时候都随口来上这么一句——"哎，一认真你就输了"，听起来真叫人火大。

直到很多年以后，重新品味这份"认真"，我才意识到，一个人一旦看问题切入的角度不同，整个感受也会跟着变了味。就像我在跟你说"做事态度上的认真"，你却非要和我提"情感层面上的较真"，两人根本聊不到一块儿。

比如，身处职场，有人说"一认真你就输了"，这话的背后究竟是在说"做事认真就输了"还是"做人认真就输了"？

又比如，在日常生活中，大家说"一认真你就输了"，实际到底说的是"对事情认真你就输了"，还是"对邻里说的话走心你就输了"？

可见，"一认真你就输了"这句话的重点从来不是"认真"，而是"输了"。把重点放在"认真"上，"输赢（心情）"便不是大事；把重点放在"输赢（心情）"上，便会发现原来这份认真需要的是被认同。

总的来说，做什么事情不都是要先认真后走心吗？无论如何，感受都不应该是"谁认真了，谁就是个笑话"。

○ 先认真——指做事的态度

对有些人而言，认真就是个态度。至少在这个做事过程中自己变强了，同时也提升了自己的能力、累积了实践经验。也可能因此认识很多人，拓展未来的更多可能性。就算有时吃亏了，也可能会收获丰厚的回报。

然而，即便如此，却还是有人对你说"一认真就输了"，那是因为他们视工作不过就是领薪水的事：又不一定会有合理的回报，升官发财也不见得与自己有关，而你太敬业、太努力、太拼命，就会显得其他人特别不努力……

○ 后走心——指情感放不下

我们都明白，不走心的努力像敷衍自己。"做事认真"也许是种态度，但不可否认的是，"做人太过认真"有时反而会输了气度。毕竟人都有欲望，有欲望就会想办法实现，要求越高就越难达到，心里越较劲就越难放手。然而，人生有些东西抓得太紧，反而更得不到。

因此，若自己已尽力，就别太在意别人的眼光和自己的心情，太过纠结与执着，就只是和自己过不去而已。

只是，那时的自己并不懂得"认真的差别"，只觉得世上所有的努力，无论如何都比不上别人的一句——"认真你就输了"。

○ 人生如果不认真，怎样都是满盘皆输

也许"认真就输了"只是一个价值观的问题，从来没有什么正确的答案。

但在我心里，说出"认真就输了"这句话的人，就像弱者一样在自我欺骗：反正一定会输，那又何必认真？

明知道天才成功只占成功案例的万分之一，其他九千九百九十九人都得靠自己去努力，而你还想骗自己"我只是没认真"。

有些事，你认真，别人才会把你当真；你不认真，你连输的机会都不会有。更何况，只有认真过的人，才配谈论输赢。

但你若是一个很认真的人，也一定要知道，认真和坚持的背后，需要的是强大的心智和意志力。你努力过了，那么，事后就请放下心情、放下执着、放下较真的情绪。你只要问问自己：你的认真需要被认同吗？无论世界如何待你，你依旧会努力去改变、去坚持你的认真吗？如果会，那继续"战斗"下去就是了，管它输不输赢不赢的。但如果不会，那你现在又何必努力？不如就此罢手，别再浪费时间了。

在这个世界，真实感受并不算什么，结果才是最重要的，无论这个世界如何对待你，关键在于你要自己对得起自己，守好初心。面对所有的事情，要先全心全意去做，再放松心情不较真结果——无论是输还是赢，都能做到真正舒心而不闹心。

至于那些喜欢对着努力的你说"一认真你就输了"的人，大可不必在意，毕竟他们根本就没认真过，怎么好意思说输赢？

别人家的屋檐再大，都不如自己有把伞

做自己的靠山，永远不会倒

关于期待

　　"没期待，就没伤害。"这个道理大家或许都明白且认同，但事情一旦发生在自己头上，却往往反其道而行之——"有期待，被伤害"则硬生生地变成了"情勒别人，痛苦自己"的源头。

　　毕竟真实状况都是：

　　本以为可以得到在乎，没想到……

　　本以为可以换回真心，结果却……

　　本以为可以等来心疼，但竟然……

　　然后，你崩溃到凌晨四点半，他却睡到早上十点自然醒；

你假装懂事无所谓，他却真的不在乎……那些你自以为的救赎，往往会让你走入地狱。你的心里总在想：要不是因为在意，谁管你死活？

不过，后来我也懂了：有些事，就是可遇不可求的；有些人，就是可亲不可近的；有些爱，就是可怜不可爱的。

若自己的期待总要由别人来实现才能获得开心的话，那么，从今天起，不如换个思维来理解。

"期待"其实是只属于自己的，从来就不关别人的事。因为这个世界除了"自己"，其他都是"别人"。

两个人再相爱也要清醒，两个人再要好也要理智。不要高估你在别人心里的位置，也不要期待他人总会想起你。不是你掏心掏肺，对方就非要真心相待；不是你拿出真意，对方就非得献上真心。"情义"不是可以等价交换的商品，也根本无法衡量。过分期待，是所有"烂尾"的开始。

你的苦苦支撑，说不定在别人那里只是轻描淡写；你的满腹委屈，说不定在别人眼中只是矫揉造作；你的悲伤痛苦，说不定在别人眼中只是"不过如此"。往往折磨你的，从来不是别人的绝情，而是你心中的幻想和期待。

别人家的屋檐再大，都不如自己有把伞。不管是面对生活、工作还是爱情，成长本就是一个逐渐孤立无援的过程。地球不会因为我们的疲惫或失望而停止运转。很多残酷的现实无法避免，那么，我们唯一能做的就是让自己坚强。如果总是等不到自己期待中的改变，那就让自己成为那个改变。

别再期待别人。看似是在否定每个"别人"，但事实上，重点从来都不是"别人"，而是"自己"。我们要懂得将容易溢出的感情（期待）收回，把"期待"的主动权拿回来。

要想让自己依然拥有期待，就要减少依赖，学着为自己"撑伞"——先学习让自己变得强大，然后独当一面。一个人，身心越是强大，越不需要依赖别人，也就越不容易被伤害。

如果现在的你总是不快乐，或许就是因为你总是在期待别人。不妨从今以后，做自己的靠山，让自己发光去照亮别人，而不是被别人照亮。

丑话
就是要先说前头

真话往往难听，情话才悦耳！

关于情商

"兄弟，最近手头紧，可以帮周转一下吗？"

"借多少？"

"五万，我每个月还一万。"

"好，这是你说的。等下把账户给我。"

"谢谢……我会如期归还的。"

"我丑话说在前面，我不收你利息，不要抵押，也不会向你追债，但如果你没如期还款：一、我一定去你哥的公司要款；二、我会告诉你爸妈。我没开玩笑，虽然我们认识很久了，但我可不想因为钱伤了友情，因此，债归债，友情归友情，请你三思……"

"没关系，那算了。"

这是之前在网络上看到的一则对话截图帖文。当时，该帖文有超过万名网友点赞留言。

俗话说得好："对明白人不说暗话，对老中医不用偏方。"看这位兄弟的回话就知道他够内行：因为丑话就要说在前头，反正丑话也先说了，你若不还钱，我就把你全家闹个鸡犬不宁。

在江湖游走久了，肯定都知道感情在利益面前根本不堪一击；而在职场混久了，也要明白做"犬儒"、做"乡愿"、做"老好人"……更不可能快速进步。活在这个世界，我们要想保护自己，就得坚守界限，有时候还得直面人性，以恶制恶。

所以，当朋友问我"你觉得跟什么样的人合作最可靠"这个问题时，我每次想都不想就回答："丑话说在前头的人。"

很多人觉得一开始就把话讲得这么难听，看起来似乎不近人情，但谁说丑话就一定是难听的话了？

将所有的利弊提前说清楚，将所有的规则摆在最前面，这不正是工作要有的专业态度，是货真价实的"契约精神"，更是一种原则明确、专业负责、值得信赖的表现吗？

你越是了解这个世界是如何运转的，就越知道有太多的合作都不过只是口头说说而已。许诺再多，利益到不了你的手，也终归是空欢喜一场。这世上，很多人赢得起却输不起，他们可以很大方说赚钱怎么分，却从不讨论亏钱怎么算。大家应该也听过不少"事前兄弟一家地叫，事后母亲祖宗地骂"的例子吧？

很多人为了与合作方顺利建立合作关系，往往在关于投资项目的许多关键问题上三缄其口；在合作过程中，为了维护那些所谓"哥""姐"的颜面或心情，他们往往回避了各式各样的矛盾与问题。

在我眼里，那些大家觉得大煞风景的事，就是最重要的风险评估；那些自以为是的人情世故，才是所有事情背后潜藏的最大危险因子。让人费解的是，明明可以事先打开天窗说亮话，为何非得等到问题出现后，睁着眼睛说瞎话呢？为了避免事后扯破脸皮说狠话，大家何不事前就先放下颜面说丑话呢？

有时就要顺着人性来做事。如果你先给颗甜枣再赏个巴掌，到底是要人记得甜，还是记住被打的痛？那还不如干脆先赏个巴掌，再给甜头尝尝，人家说不准心里还觉得酸酸甜甜呢！

有时候说出来的话也许会打击他人，但从长远看来，可以避免很多矛盾的发生。尤其是天平的两端都盛着利益的时候，更该戒掉玻璃心，因为越是重要的决定，越不能感情用事。

○ 不切实际的言语，最后都会让人不欢而散

"丑话说前（钱）头"，从经济学的角度来说，这是一种降低交易成本、先思考退出机制的底线思维。

能做到圆滑世故当然是一种能耐，但所有不切实际的言语最后都会让人不欢而散。倒不如把丑话全说尽，先把问题都摊开。不在共同规则和共同利益之上谈共同价值，这样的合作都是"耍流氓"。

毕竟这世界有过太多不清不楚的你情我愿，最后换来的都是你我的恩断义绝。我可以招待你去吃上万块钱的米其林餐厅，也可以请你喝很贵很贵的洋酒，但是，你欠我的一千块还是要还的，这就是"规矩"！

记得，真话往往难听，情话才悦耳！然而，情话只有"当下"才是真的。只有把丑话先说在前头，真的才假不了，假的也真不了。

过程重要，
结果更重要

成功人士讲的道理才会有人听

关于成功

你是否曾听过这些话——

"河里淹死的都是会游泳的。"

"成功的人小学都没毕业。"

"没有抽烟还是得了肺癌。"

这些话明明属于统计学概率的范畴，却因为人心的加入，从而变成了逻辑谬论。

很多时候，当通过百度搜索得知的都是"幸存者"的信息，我们就会忽略了"阵亡者"的信息，忘了"死人是不会说话的"，而不是"死人的话就是不正确的"。这，就是生活中最常见的"幸存者偏差"谬论。

有一段话是这么说的："在日常生活中，由于成功者的能见度压倒性地高过失败者，因此人们总会系统性地高估了获得成功的希望。"

就像"天妒英才"的背后，是没人关心蠢蛋的死活，"红颜薄命"是没人在乎丑女的寿命有多长……其实，生活里处处都是认知的陷阱，只是人的直觉都选择相信美好。毕竟，不是所有好莱坞的电影都是大片，因为烂片大概没有片商会代理；也不是所有的硅谷来的都是科技人才，因为不是人才的人没机会跟你说他来自硅谷；甚至不是"别人家的"都是好的，因为你根本不去看"自己家的"好。

○ 成功人士讲的道理才会有人听

人心本来就容易看到成功，不容易看到失败，继而让人觉得事情"就应该是这样"。成功者就等于"正确"，一说话就有了公信力；失败者即使错误，就算他是专家也如业余。不过，真的是这样吗？

其实，我们能接触到的社会层次非常之少，在某种程度上，我们很容易陷入认知限制的世界里而无法察觉。一旦习惯用以偏概全的思维方式，结合那些冠上"成功学"的道理来绑架观念，就会忽略了那些沉默的大多数，看到的自然不会是最全面的世界，也就容易掉入"幸存者偏差"的陷阱——"信息操控"，"价值认知"就有了误差，进而影响到我们生活的方方面面。

在信息爆炸的时代，各种各样成功者的案例让人趋之若鹜。你一定也听过靠直播带货可以发家、靠拍摄短视频能赚钱、靠经营电商自媒体能致富这一类的成功学。然而，最关键却容易被忽略的信息是那些还没发家就没了家、还没赚钱就烧光了钱、还没致富已成了父辈中沉默的大多数。

这就是利用人的本性灌输一些片面、略为真实的信息，他们只说了一半真话，后面只需要引导你去相信，产生"幸存者偏差"的错误认知，就能达到收割利润的目的。

想要避免发生"幸存者偏差"的错误认知，我们可以这么做。

一、逆向思维

每次在做市场分析时，我总说："这不是'腹黑'，也不是悲观，更不是唱衰。我提出的是事实，只是希望大家要思考现实。"在做决定的时候，要学会逆向思考：我有什么能力赚到钱？我凭什么就一定能抓住风口？为什么这件事一定要这么做才能成功？在做事或抉择的时候，一定要反问一下自己：为什么我一定是那个"幸存者"？

不要以为别人能做到的，自己也能做到。请全面分析自身情况与外在环境，特别是在理财和投资的时候。不要相信自己的运气会比别人好，也不要相信那些一夜暴富或内幕消息，但凡能传到你耳朵的消息，肯定也不再是什么秘密了。如果你能够从事物的本质来看问题，那么，"幸存者偏差"也不应该存在。

二、提升认知水平、看透本质的能力

电影《教父》中有一句台词说得很好："花一秒钟就能看清事物本质的人，和花半辈子都看不清本质的人，注定是截然不同的命运。"所以，是被困于纷繁复杂的表象，还是穿透表象、洞察本质，在很大程度上决定了人与人之间的命运差异。

也正因如此，我们学习知识的重要目的之一，就是要形成科学的世界观，具备独立思考的能力。毕竟，为什么"幸存者偏差"的心理会存在，很大程度上是因为人自身的知识含量有限，也就是只知道某些表面的信息，却不知道关键信息的存在，最后导致判断失误。换个角度来说，当你想要做某件事或做某种决定之前，一定要全面了解相关信息，从正、反两个角度思考事情的发展。

三、向失败者学习，不要忘记沉默的大多数

首先要意识到"沉默证据"的存在，这样才有机会获得更加全面的认知。耳听不一定是真，眼见也不一定为实，需要先打破惯性思维，透过显性现象，看到其背后的隐性本质。

再者，在淬炼中成长，失败是必然，成功才是偶然。成功或失败都是概率问题，而我们应该肯定这样的态度，因为想要实现成功，不是学习如何复制成功，而是要学习失败者的经验和他们背后那份执着与坚持。毕竟，所有的东西都可以学，唯独有一样学不来，那就是用心。

很多事情不能只看表面。如果我们沉浸在错误认知所编织的陷阱中，看到的永远都是虚假的一面，并不会得到"幸存者偏差"的庇护，最终反而会成为真正不幸的受害者。所以，只有先意识到"沉默证据"的存在，才能有机会获得全面的认知，找到突破口，成为真正的"幸存者"。

最后，何以论成败？

真正聪明的人都懂得，成败不用争，高下也不必论，因为对于成败，每个人都有不同的标准。看透了这些大道理，很多时候就不会说出一些决绝的话，真正能让人由衷佩服的，从来不是那些绝对的事，反而是那一颗绝对的心。

就像网络上所说的："一时的惊艳算不上真漂亮，一朵花的

凋零荒芜不了整个春天，一时的美丽赢不了气场的魅力，一次挫折也荒废不了整个人生。"

我们要做到不以一时成败论英雄，不以一时得失论高下，不以一时惊艳论美人。只有努力到拼尽全力，坚持到超越自己，才是人生真英雄。

三十而立
并不可怕

人生有梦才能华丽开始

关于现实

　　小时候，我曾经以为只要在二十几岁很努力，到了三十几岁就能成为理想中的人，成为那种"知道所有事的正确答案，能做出所有正确决定"的大人。

　　我二十几岁就知道如此自励上进，为的就是能在三十岁的年纪不"而栗"，而是正经八百地迈向"而立"之路。

　　譬如，我就是典型的"偏执型人格"。在那二十多岁夜以继日地拼命打拼时，我一直有那么一种信念，就是特别相信时光一定不会辜负努力，青春也绝对不会辜负自己。只要当下做好每件事，竭尽全力，苍天定不负有心人。

我们的人生故事不就该这么感人励志吗？电影不是都这样演的吗？

"奇迹"是努力的另一个名字。在追梦的路上，二十七岁的我有幸遇到了伯乐，然后空降百人企业担任高管，让人生有了梦一般的华丽转身。

那段日子我真可谓风光无限。生活中，大家对我尊重有加，遇到任何问题都会请我帮忙出谋划策，无论公事、私事都要与我一起商量。隔三岔五就有生意场上的伙伴相邀小聚，周末假日亲朋好友也会相约同乐，逢年过节及过生日从来都是应者如云。

那也是一段特别沸腾的日子，努力给我带来了丰厚回报。纵使工作再忙再辛苦，我也甘之若饴，因为我相信"越努力越幸运"。而对生活，我总是一副不畏现实、坚守原则和理想的模样，总是一副雄心壮志、野心勃勃想改变世界的模样，总是一副只要爱我及我爱的人永远都在、就没有什么事情可以难倒我的模样。

后来我开始自己创业，当时我很单纯地以为，只要努力强大自己，对别人好，别人也对我好，那么所有辛苦的付出都是值得的。我就这样一路茁壮成长，带着大家一起飞……

努力——奋斗——再努力——开花——结果——成荫——

结束？

一切就这样结束了吗？不，精彩才刚刚开始，怎么能这么快结束呢！每一条往上爬的路，都有它不得不那样让人跋涉的理由；而每一条走下坡的路，也都有它让人不得不那样选择的缘由。但有些事情，不是拼了命就一定有用的。正如信任就是一把刀，把刀给别人只有两种结局：要么它保护你，要么它捅向你。

事实证明，我终究还是太嫩了。人心惟危，一旦事情变得不可控，就只能眼睁睁看着一切崩塌而无可奈何。破产、负债、强制命令、存证信函如雪片般飞来……我都还没缓过神，合作就不谈了，项目就喊停了，员工就走了，公司就成了一个空壳。

人一旦不得志，人人都对你避之不及，好像我随便吐口气都能把他们弹飞到火星去似的。那些平常周末不见一见就对你特别想念的朋友，莫名其妙不见了；那些平时特别友好的关系，也都渐行渐远了……一时间，流言蜚语满天飞，落井下石者也不乏其人。

最后，当人只剩下情绪，很多真相也无须被理解或解释了。这已不只是生存层面上的失去，就连心灵也瞬间被掏空。

那些在家里没学会的道理，社会给我上了生动的一课。

○ 原来我们知道的太多，懂得的太少

十八岁的我意气风发，没曾想自己三十几岁会活成这样，明明自己用尽全力奔跑，却在本该收获的年纪，落得个两手空空。

这让我颓废了好长一段时间，直至清醒那一刻我才明白，有些事情是一辈子都想不通的，人与人之间发生的一切，不是公式，永远都会有正解。毕竟这不是鸡汤，这叫作现实！

最后唤醒自己的，不是情义，而是南墙；能让自己刻骨铭心的，也不是什么道理，而是经历。

总有人会教你长大，不管方式值不值得你感谢。

○ 现实的背后，就是人情世故

说到底这就是现实，而这现实的背后，就是人情世故。

很多时候，你以为只要自己有理想、有抱负，有满腔热血去热爱人生，就会被这个世界善待，但事实上别人对你的友善和在乎，大多是因为觊觎你的能力、关系及金钱所带给他的一切资源和好处。而当你拥有那些资源时，你就像是全世界最幸福的孩子，最受欢迎、备受团宠；一旦失去那些资源，你就成了废物，再怎么叫屈都无济于事。

后来才明白，自己觉得肤浅或刻意的东西，恰恰就是社会上所视为有"价值"的东西。

曾经觉得用外表评判一个人实在肤浅，偏偏这个社会有时就信奉"颜值即正义"——外形条件好的人的确更容易获得好处；曾经觉得交际应酬特别虚情假意，偏偏这个社会就是"拿人家的手短吃人家的嘴软"，世界最稳固的关系原来是"各取所需"。

那些会去抱怨这个社会的人，都是非既得利益者。因此与其抱怨规则，不如适应规则，甚至改变规则，把自己变得更强大。只有先真正接受了这现实背后的游戏规则，内心才会跟着通透许多。

人们对你视若无睹，说明你现在还不够好，那就得更加努力；反之，大家开始对你谄媚邀约，自然代表你变得更好了。哪怕这样的好人缘是通过努力获得的，哪怕这听起来似乎有些悲伤与无奈，又何妨？长大后的我们，就是要活成最好的样子。

用世故对待世界，把真心留给值得，其他的看破不说破就行了。

毕竟对某些人而言，"离开"是因为你手上能让他忠诚的筹码不够了，"陪伴"也只是因为你给的诱惑值得他牺牲时间。要是没看懂游戏规则，不小心犯规，被判出局，那么，所有的痛苦跟委屈就该你自己扛。我们改变不了人心，那就学会看清人心，这是长大的必修课。

人生一旦高开低走，还"躺平"过，那么不管之后是触底反弹还是东山再起，是震荡重挫还是短线拉回，就都是个"K线图"的事。况且，我们哪来的资格老对人说教？说到底，人生最后还是得自己奋斗，残局也都得自己来收拾。

这就是既现实而又残酷的生存之道，所以我们还是要继续奋斗啊！

外貌是你的
第一张名片

要实力也要"美力"

关于外表

"5！4！3！2！1！""Happy New Year——"

"我们又一起老一岁了！"

我终于知道为什么近几年的跨年夜，随着倒计时结束，我的心中总是会有股难以言喻的惆怅了。你们想想，一群二十出头的妙龄少女在一旁自嘲自己老了，她们有没有想过后面大婶、旁边大叔的感受？

虽然很不想承认，但我终究还是到了别人问起岁数神经就会紧绷，还会下意识说出一句"你猜猜"的年纪了。现在就连看个电视也闹心，一会儿播《二十不惑》，一会儿放《三十而已》，谁知道等到女人四十会上演些什么？实在想不明白这些编剧为什么老拿女人的年纪来做话题。这是在劝人们先知天命呢，还是鼓励大家返老还童啊？

虽然还是非常不想承认，但年纪，就是牵着岁月带给人容颜与身体的变化，这实在让人不忍直视啊。

所以，那些在大众媒体前，一脸轻松、泰然自若说"不在意年龄""这是自然老去"的人看上去很潇洒，其实心里都想听到别人对他们说"你保养得很好""根本看不出来年纪""童颜冻龄"这类恭维、赞美的话。

当《欲望城市》的女主角莎拉·杰西卡·帕克被媒体和网友一直调侃"岁月不饶人""真的是老了"的时候，明明已是名利双收的她，还是会沮丧、忧郁地回应："不然我还能怎么办？"反之，蔡依林在2020年的演唱会上却说："我今年四十岁了，这是一个很棒的年纪，这种感觉真好！"这就叫作"凭实力矫情"。因为只要她这个人仍然符合大众对"美好"的定义上，当然可以很有自信地让大家知道自己的年纪。

在实力与"美力"都兼具的成绩单上，人当然有底气说出"这年纪我感觉好极了"这种话。在莎拉和蔡依林的身上，我们可以看出以下其背后的寓意。

○ 外貌是你的第一张名片

在这个社会上，虽然我们最终还是要跟人家拼才华、拼能力，但毋庸置疑的是，我们一开始需要拼的其实是先给人留下好印象——"美力"。这世界没有人会透过一个人不修边幅的外表去理解他的内在。哪怕他有再出色的才华和再丰富的灵魂，也还是得先外表看上去赏心悦目，才会让人有欣赏的欲望。

追根究底，这是一个以貌取人的世界，"美力"也是一种能力。

你当然可以不接受这个观点。你可以明知道人们在意外表，却偏偏以邋遢示人；你明知道与客户有约，还是穿破衣烂裤赴约。你想证明，以貌取人是错的，想证明外表不该遮掩了一个人内心的沛然……可以，当然都可以！只要有本事，那就拿出实力来，用成绩说话，用实力碾压，让世界听到你的怒吼。不过这条路绝对不好走，因为你得花更多的心力去对抗，你得更用力去证明你是有道理的。总之，这世界只要你有真本事，游戏规则就由你说了算。

你当然也可以欣然接受。管它什么虚伪肤浅，明明能靠才华，你就是偏要靠美貌；当花瓶又怎样，好歹也是个青花瓷。换个角度想，既然美丽是"美力"，那就是一种软实力。所以，多花点心思投资在自己身上，也是增强实力的一种，怎样都不算亏。

总而言之，若是真有实力，就算你丑到爆，气场也照样能走出新高度，大家就是"情人眼里出西施"。但若是没实力又不愿媚俗，就省省吧，你慷慨激昂地抱怨诉说，想拿道德价值绑架，想要声讨大家"只看外表不看内在""老板只用帅哥不用丑汉"，相信我，那只是在浪费口舌，世界终究还是会对你冷漠以待。

○ 实力和"美力"一样精彩，才是最高颜值的"正义"

在这样一个以貌取人的世界里，当综合实力与别人差距不是太大，长得漂亮确实就是一种底气。然而，美貌终究不是永恒的优势，我们人人都得面对时间的残酷。

就算是在以貌取人的世界，也终归还是有岁月期限的。

小时候长得美也许是种运气，但长大后长得还美，就完全是一种能力了。三十五岁以后，世界对每个人都是公平的。与其说人们对年纪感到焦虑，不如说真正让人焦虑的不是年龄，而是没有成为期许中的自己。

在与岁月厮守的日子里，生活会从外到内改变一个人。那时，容貌早已不仅仅是皮相，它还涵盖心灵、内涵、才智、情感和个性等，最后这些沉淀成全身的一种气质与气场。这已不是肉眼能体会的"颜值"，而是性格里的一部分了。这也是为什么很多男人越老越帅，很多女人会越活越美。

我特别喜欢王菲的歌曲《笑忘书》里的那句"时间是怎么样爬过了我皮肤，只有我自己最清楚"，真是道出了个中的滋味。

时间不会亏待认真生活的人。纵使年龄的背后藏着太多对自我价值的期待与肯定，但终归会呈现为一种我们热衷燃烧却又无情被耗损的成长。与其被时间控制，不如驾驭岁月。因为自信会让眼神说话，经历会给人的行为带来力量。从谈吐能看出内涵，穿着也能透露出美感，最后性格终会写在我们脸上。一个人只要有足够的阅历，自然就会散发出气场与魅力，也才会真正拥有战胜美貌的"美力"。

总之，这是一个以貌取人的世界，每个人心中的"正义"各有不同。长得美丽固然幸运，但能生活得精彩又美丽，能拥抱岁月里的自己，能快意人生，才是每一个饮食男女的终极追求。

辑二

我长
自成

给走在大人路上
被世界为难的你

你要足够强大，
然后才有然后

你越强大，世界越公平

关于能力

　　我特别敬重那些能在职场上呼风唤雨的人。不过我要强调的是，我之所以会敬重他们，不是因为对方有钱、有权，而是因为他们足够强大。他们能随口说出一句"我说了算"，甚至还能摆出一副"你看不惯我又干不掉我"的样子，真是酷！

　　这种"强大"不需要融入任何环境，不需要迁就任何世俗，而是要环境来融入他，让世俗来迁就他。在那个职场里，他就是规则，谁不服就来战。

　　就像电影《穿普拉达的恶魔》中，那个永远摆着一张扑克脸的时尚女魔头米兰达，其原型就是美国版《VOGUE》杂志总编辑安娜·温图尔。温图尔叱咤时尚圈三十多年，可谓是种"喊水都会结冻"的存在。

《华尔街日报》曾说："你可以不靠史蒂文·斯皮尔伯格在好莱坞混，你也可以不靠比尔·盖茨在科技界发展，但是你要想在时尚业成功，就不能不靠安娜·温图尔。"这是一个被戏称为"纽约地下市长"的女人，一个能在时尚圈呼风唤雨的人物，可见其影响力之大。

她可以拽到什么地步？她仅仅是因为"想要回家"，就可以让"全球四大时装周"之一的米兰时装周为她延迟举办日期。你没看错——人家只是"想回家"而已！

她到底凭的是什么？凭在1998年《VOGUE》销售下滑、差点被竞争对手挤掉时走马上任，她一手把《VOGUE》做到全球时尚杂志影响力第一，杂志印刷量和广告收入持续冲破历史纪录；凭她敢于打破潮流规则，因为她就是潮流本身；凭她能让所有人以登上《VOGUE》封面为荣。

她一成为《VOGUE》的主编，就改变了时尚界只有模特才能荣登杂志封面的传统，开启了让明星名流等登上杂志封面的潮流；她以一件高级定制时装上衣，搭配几十块钱的牛仔裤的平民时尚风，震惊了以高贵、时髦服装为荣的时尚界；她让希拉里脱掉万年不变的标志性深色西装外套；她让欧普拉想上《VOGUE》还得先减肥10kg；她让名人想上她的杂志，就得按她的审美标准来……

她留着万年不变的"妹妹头"，连续二十年穿着同一双鞋；她爱穿皮草，还老是把动物保护协会气哭，人们对她的争议一大堆；她高傲冷酷，挑剔苛刻，不苟言笑，雷厉风行，当工作不合心意时完全不会给对方留情面，说走就走；她不让步，不媚俗，凭着自身的实力获得了名、权、利。

有句话说："你只要强大，整个世界都会对你和颜悦色。"可，这已不只是和颜悦色了，简直就是"卑躬屈膝"。什么叫作"打工人的天花板"？她，就是很多人踮起脚尖都碰不到的天花板啊！

至今我都还记得当年看了《穿普拉达的恶魔》，心里也曾天真梦想自己以后就要跟安妮·海瑟薇在电影里饰演的小安一样，努力奋斗，不忘理想。然而，十五年后再次观影，心境却已完全不同，我终究还是承认了一个残酷的事实——"你要足够强大，然后才有然后"。从此，我立志朝着安娜·温图尔的强大迈进。

难道这就是成长带给我的改变？是的，不仅金钱限制了我的想象，现实还夺走了我的天真。

走过、路过、摔过、跌过，也站起来过，可以肯定的是，千万别期待能用最安稳的方式去追求理想，因为光有努力是不够的，还得加强自己的实力才行。

安娜·温图尔也许不是一个在道德或人品上完美无瑕的人，但不能否认的是，当她在时尚潮流这一领域里强大到一定的程度，就可以修改美学的规则，甚至能重新定义新时尚的品位。她从不在乎在别人看来是否正确的这些标准，对待自己想要的，她总是能排除万难争取到，只因为她散发出的气场"会说话"。

她的"铁腕手段"不光体现在时尚事业里，从时尚到财富，再到顶层人脉和权力地位，在社交场上她也要赢。她做事的原则从来都是主动出击，抓住所有可以往上爬的机会，哪怕没有机会也要自己创造机会。她本身就像是时尚界与现实的代言人：为了自己所渴求的，绝不会停下脚步。

有时候，人的自身价值越大，能得到的善意帮助、包容就越大；而当自身价值越小，要承受的冷漠、攻击、蔑视也会越多。这，或许就是世界残酷的真相。

○ 力争上游，是为了有更多的选择权与话语权

我想说的是，一个人只要拥有了选择的能力，就拥有了自由。

什么是自由？自由不是随心所欲，为所欲为；自由不是

"只要我喜欢，没有什么不可以"。

真正的自由是拥有拒绝的自由，拥有说"不"的权利。

试问，你在职场上、现实生活中有选择的能力吗？你有说"不"的权利吗？

"我不想做这个案子……""我不想跟他合作……""我不喜欢这个风格……""我反对这个概念……""我拒绝这个做法……""我不要赚这个钱……"

你可以不想为了钱而努力，你也可以不用为梦想而奋斗，但你要知道，在这个世界上，不管你到了哪里，要想人家信服你说的话、你的观点、你的判断，并认真听进去、记住，从来就不是件容易的事。

有些行为，是固定角色才能去做的；有些角色，要有能力才能担任；有些能力，要先努力才可以拥有。若你想要改变自己不认同的现况，实现心中想要的美好生活，而你又不是既得利益者，就请你把所有不甘与抱怨吞进肚子里，用实力说话。除了力争上游，你别无选择！

现实就是这么残酷！当你弱小时，身边尽是些张牙舞爪的人和事；当你强大时，身边最不缺温柔与暖心的陪伴。

你可以不服，也可以委屈，反正最后不过是被淘汰罢了。人生这么辛苦，你若没有收拾残局的能力，就不要太放纵自己的情绪，多点忍耐与努力，快点壮大自己的实力。

抱怨从来都没有用，自怨自艾毫无意义，唯有自己变得强大，然后才有然后。不妨套用一句话："多说无意义，咱们各自努力，最高处见！"

你的善良
要有点儿刺

要有锋芒，更要不忘善良

关于善良

或许，很多人都喊冤叫屈：明明有时什么都不做才是"本分"，明明做多少不求拿多少是"情分"，怎奈通常做多了，一切就变得理所当然，到头来还会演变成"做得好是应该，做不好就是活该，做到最后还成了自己的责任"……

这时，别人会火上浇油："你就是人太好，所以才会……"甚至，还有人会用上责怪般的语气："谁叫你就是人太好……"

真叫人纳闷了，为什么人太好却要被检讨？为什么以善意开始的事，最后反成了恶意来收尾？

有人说："你若是待人好得毫无保留，别人就敢坏得肆无忌惮。"这话实在特别讽刺。

结果，当"失去"反而比"拥有"还叫人踏实的时候，自己仿佛看清了些什么，却也遗失了些什么。但是，说到底，这还是用一次次的失望换来的成长，实在没什么值得开心的。

当世界变得不温柔、当善良不被善待，我们才知道原来想要保有善良，待人的底线就该高一些。因为有些人的好意是无视他人的存在，是对恶的纵容，是把自己视为局外人；有些人的恶意是以利益为前提，是以牺牲别人为代价，是合理化自己所有的行为。

这个世界有多少自以为是的善，就有多少道貌岸然的恶，所以，当你善良却依旧被人打了耳光，你就会知道"不要脸，世界最强"是真的存在。

除非你早已看破红尘，决心退隐江湖，从此不问世事，不然仅仅做到"善良要有点锋芒"还是不够的！因为在现实生活中，即便你满腔善意偶尔也会被人辜负，即便你好心帮人也可能会吃尽苦头，因此，你想要善良，最好要有点锋芒。

为什么仅仅做到"善良要有点锋芒"还不够？什么是"要善良，做人最好要有点锋芒"？

你们知道绵羊为什么不吃人吗？因为它没有能力吃人，所以人们觉得绵羊很善良，它不吃人。但是人们想吃羊肉的时候，还是会把绵羊抓来杀了吃。

绵羊的善良，为什么没有得到大家的尊重和善待？因为绵羊的善良不是绵羊自己愿意善良，而是绵羊无能，它没有吃肉的能力，所以它被迫善良。

绵羊没吃你，你感激过它吗？肯定没有。因为在你眼里，绵羊的"善良=无能"。你会特别去尊重一个无能的人吗？你不会。

假设你遇上了老虎，而老虎竟然没有吃你，你会认为老虎是无能吗？不会。你只会认为老虎善良。因为老虎有能力随时吃掉你，但它没有吃你，这才叫"善良"。在你看来，老虎的"善良=真善"。

这说明了什么？说明了弱者的真诚与善良，本质是无能，而无能只会换来别人的鄙视和欺负。强者的真诚与善良，背后是"大能"，他有能力置你于死地，但他没有选择这样做。可见，善良是一种选择，做出这种选择的人才会得到别人的敬佩与尊重。

这个社会有时太疯狂，一直劝人要善良，但事实上，单方面与低智商的善良，根本就是一种拿不出手的"特长"。最后，善良被视为缺点，也难怪没人再想当好人了。

电影《教父》里有这样一句台词："没有边界的心软，只会让对方得寸进尺；毫无原则的仁慈，只会让对方为所欲为。"所以，我们最该反省的不是真诚和善良，而是要改变自己的眼光、见识和做法。

纵使明白很多情绪需要克制，但也绝对不能懦弱，因为没脾气和没骨气是两码事。事情可以商量，底线不能被践踏，那么，天若不收坏人，就让善良的"恶人"（此恶非指坏，而是一种心理态度。如果坏人专欺负好人，那么你的气场就要变得更加强大，以恶之气场，行正义之实）。来收拾他吧!

遇强则强、遇恶则恶，不惯毛病、不惯恶人，做个有锋芒的善良人，也只有如此才能维持心中秩序，才能不颠倒心中的黑白。

有人理解是万幸，没人理解那就淡定独行。有能力但不伤人，但有能力伤恶心自己的人，这叫善良，这就是本事。

该担心的从来就不是
欲望和野心，而是你的底线

不要低估了欲望，也千万别高估了自己

关于欲望

西方世界对人性的认识是人有"原罪"后才有"真善美"之论，所以西方人更重视法律与契约精神。儒家"人之初，性本善"的传承精神，则是先有"性善论"后才有"性恶论"，所以中国人更坚信道德教育对人的成长至关重要。

殊不知，道德有时也会成为绑架他人良心的手段，甚至被人拿来作恶。尼采也说，迫使人们遵从道德，本身就是不道德的。

○ 成长是不断自我约束的过程

似乎人人都痛恨贪财好利的念、嫉妒憎恨的心、耳目声色的欲……其实，欲望本身并没有善恶之分，就好比武功本身并没有对错，有对错的是习武之人。欲望，若是利用得当，便是正能量的工具，促人奋进；欲望，若是利用不当，便会激发心底的恶，使人走向毁灭。

有着"行为艺术教母"之称的玛莉娜·阿布拉莫维奇，其一生中做过许多让人叹为观止的行为艺术，特别是在她二十三岁时举办的一场行为艺术表演《节奏零》。在表演中，她先将自己麻醉，然后面向观众站在桌子前，桌子上有七十二种道具（包括枪、子弹、菜刀、鞭子等危险物品），观众可以使用任何一件物品对她的身体进行任意摆弄，而她不做任何反击。一开始，大家都小心谨慎，只是用口红在她的脸上乱涂乱画。见她毫无反应，慢慢地，有人胆大起来，开始用剪刀剪碎她的衣服，拿刀割她的脖子还舔血。最后，甚至有人拿着上膛的手枪指着她的脑袋……人性丑陋的一面尽显。

在被人施暴的过程中，玛莉娜眼里泛着泪光，内心充满恐惧，但是她始终没有做出任何反抗。当她在麻醉消退后走向人们，他们竟然纷纷躲避，不敢面对她。在后来的访谈中，她清醒地认识到："他们真的可以对我做任何事情。如果将全部决定权公之于众，那你就离死不远了。"

有一天，当我踏入社会，在人性与人心之间，突然特别坚信："不要看一个人到底能有多好，而是要看他坏起来会有多坏。"毕竟要好，谁都可以对人超级好。然而有些坏事，却不是每个人都做得出来的，但能做出来的一定会超出你的想象。

获取金钱和晋升的机会，对每个职场中的人都有着莫大的吸引力。然而心动之后，你是否会付诸行动？你认为身边的人会变成什么样子？你自己又会变成什么样子？你是会撕下面具，抑制住崩溃的情绪，变得更加强大？又或是成为一个失败者，灰头土脸地离开？

要知道，利益越大，底线就越低。是的，这两者的关系有时是成反比的。

说不定，你眼前早已经有太多小到不能再小的便宜，你早已贪惯了，甚至不觉得那是"不对的事"，而是"大家都这样做的事"。就像一开始你只趁着职务之便，偶尔从公司拿一些文具、卫生纸回家，到后来用公款吃喝玩乐，到收点回扣当业务红包，再到做假账私吞公款……一次、两次、三次……频率越来越多，数额越来越大，你还浑然不自觉。

渐渐地，随着你的身份地位发生变化，小便宜也有可能变成大利益；慢慢地，一旦尝过权势与金钱的甜头，小欲望就会不断地膨胀成大贪婪。

自然而然地，你会利用人与人之间的关系，试图获得更多的利益：你会不择手段，不惜利用他人的不幸来达到自己的目的；最后你会成为被欲望吞噬的灵魂，继而堕入深渊。

这就是欲望和野心最可怕的地方。它让人以为自己强大后就能掌控自己的人生，但实际上却反被别人操控人生；它让人以为自己强大后，就能操控他人的命运，但事实上对自己的命运未必能真正掌控！

○ 保有底线的欲望是幸福的

一个人在面对困境、面对欲望、面对正反选择的时候，所坚守的最后那一条底线才是最真实的，而人心的好坏也在此见分晓。大多的故事、悲剧、冲突，就是以此为断点的。

所以，有底线真的很重要，这是做人的基础，也是不能再退的最后防线。如若基础不牢，就会地动山摇；如若防线失守，必然全盘皆输；如若毫无底线，一个人必将用余生为欲望买单。

保有底线的欲望是幸福的。在这物欲横流的社会，这世上的美好大抵类似，可一个人的坏却能坏得五花八门。

面对金钱和物质的诱惑，只有你想不到，没有什么是不可能的。当别人选择通过贩卖灵魂来获得渴望已久的东西，你真的愿意选择坚守自我，就算要走的路会更长、更辛苦，也在所不惜吗？

有的人被金钱蒙蔽双眼，而忘了脚踏实地；有的人被情感遮住理智，而忘了伦理道德；有的人因权力抛弃信仰，而没了原则底线……这些故事你一定有所耳闻，这都是考验人性的。

是要成为坚守信念的那一个，还是成为将善良遗忘的那一方？我们大家都是在这样无数次的选择中成长的。

所以，我们要时刻警惕及告诫自己：当天平的另一端是利益的时候，心更要摆正。万事万物终究是要付出代价的，这一切始于自己，亦终于自己。

人脉也是讲求门当户对的

真正厉害的不是你有多少后台，而是你是多少人的后台

关于人脉

　　"有关系，就没关系；没关系，就有关系。"这是我刚步入社会时，那些所谓的"大人"最常强调的社会事实之一。如今，我已成了年轻后辈们口中的"大人"，也时刻警觉并提醒自己，无论怎样都不要成为以前自己所讨厌的那一类"大人"。

　　每当听到身边的后辈被职场前辈教育"要多去认识人""这都是人脉""关系就是利益"时，当他们开始想把营销建立在人脉上时，人间清醒的我都不忘不断在他们旁边叮嘱一句大实话：

"自己不强大，认识谁都没用！"

○ 重点不是"你认识谁"，而是"谁想认识你"

我相信，在大家周遭一定会有很多事事都要扯人脉、处处都要牵资源的人。而现实是，一个自身能力强大到一定的程度的人，他并不怎么需要别人的帮助。相反地，别人会一直想来找他帮忙，寻求资源与合作。因此，当自身强大到某个地步，自然会吸引同样强大的人脉与资源，他又有何忙需要人帮呢？简言之，当你足够优秀，人脉自己就会找上门来。

那么，到底什么是人脉？

"认识就叫关系？""讲过话就是朋友？""喝过酒就算熟识？""朋友的哥哥就是熟人？"别傻了，这个社会最不缺的就是"装熟来"的关系，而这种关系的背后其实是最丑陋的人性。

很多人以为能叫出名字、拿到名片、打上招呼，就叫"有关系"，就是"人脉广"。认识谁谁谁，又怎样？跟大老板一起吃过饭，又如何？和明星一起喝过酒，然后呢？说不定对方下次见到你，根本就不记得你是谁。当别人跟他提到你，他可能还会不屑一顾地说"不大熟"，甚至还会腹诽："这又是打着认识我的名号……"所以，真的不要自取其辱。

在很多人看来，想要有所成就，就需要利用他人之长，借助朋友之力，所以，学会做事不如学会做人，因为人脉决定成败，人脉决定身价，人脉就是钱脉，这就是人脉的价值所在。

或许这话的道理是对的，但若时间与方法用错了，你当别人是人脉，人家当你是"社死专业户"。

千万别忘了，"认识多少人"和"有多少朋友"完全是两码事，这跟"见过多少钱"和"有多少钱"的区别是一样的。在社会上，人脉固然重要，有关系当然能好做事，但还是那句老话——"人脉，只有握在手里才是自己的"！

别人的哥哥是别人的，他的朋友是他的，除了你自己，其他都是别人的。所以，若是你自己一点价值都没有，还谈什么人脉？

当你在思考"人脉"这件事时，请先思考自己的价值是什么：你是别人的关系吗？你能成为别人的资源吗？当你总想着希望别人为你做些什么的时候，你又能够为别人带来什么呢？

人脉，说白了就是一种"价值交换"——一切都是建立在双方都有利用价值的基础上。它不是追求来的，而是吸引来的。只有等价的交换，才能得到合理的帮助。这样的交换可能是情感上的付出，也可能是金钱上的交易、智慧上的分享等。

有些朋友是人脉，有些朋友是纯友谊，要看彼此之间如何对待。

但是，请务必相信我，若把情感作为价值来交换，哪怕是交过命的交情在更大的利益面前，都是不堪一击的。一定要先认清这个残酷的事实，再来思考是否要将友情当人脉来对待，毕竟这也说明了一个既关键又残忍的事实——对方当你是什么？

你期待朋友能够以情义相挺，人家却要跟你计较分明；你觉得即便是亲兄弟也要明算账，人家却根本不当一回事儿，最后为了利益甚全反目成仇，你的心伤得起吗？你的钱输得起吗？

○ **最好的资源永远是势均力敌**

试想，如果你是个没有利用价值的人，就算认识了大老板，你又是哪里来的自信，觉得对方会笨到拿自己的事业跟你博感情？而他若是真的把你当朋友，想要以情义相挺，那么不用你主动说，他自己都会主动帮忙。所以，要搞清楚你对大老板的"价值"到底是什么。

人脉也是讲求门当户对的。那些特别急切想认识别人的人，往往就是别人最不想认识的人。你若真的有实力，哪天也成了大老板，所有人都会主动与你搞好关系。他们巴结你都来不及，哪里还需要你急着去和他们攀关系、结人脉？

被人拉起来与自己站起来是两码事。实力，才是安身立命、扩充人脉之本。

这世界没有任何一种关系能让你理所当然去依靠。自己没有能力，认识谁都没有用；自己没有价值，所有关系都在风中飘。想要打造最稳固的关系，其实就是"各取所需"。盘点那些破裂的关系，无非都是因为对彼此期望的落空。所以，没了"各取所需"，从此双方也就拥有了最稳定的关系——"没有关系"。

需要认清楚的是，一旦你不优秀了，人脉全是假的。真正厉害的，不是你有多少后台，而是你是多少人的后台。与其费心费力去笼络人脉，不如让自己变成别人想结交的人脉。

"多认识人""拓展交际圈"都是好的，但交朋友就好好交朋友，有机会多认识人的时候，就真心诚意地与别人相处。不需要把跟每个人"认识""相处"都和利益、人脉沾上边。

在自己还没足够强大时，与其花时间经营一些无用社交，不如多花点时间去读书、提升专业技能，养精蓄锐，增强自己的实力，让自己的价值展现出来。这样，所谓的人脉才能变成机遇。不然，若能力撑不起野心，那些自认为的"捷径"都不过是弯路。

真正的人脉都是成功以后的结果，而不是通往成功的途径。

正所谓"万丈高楼平地起，辉煌还得靠自己"，人总是先有实力，才有人脉。想要世界更大更广阔，你就要相信：种好梧桐树，自有凤凰来。

现实面前
别说钱不重要

人争一口气，千万别和金钱过不去

关于金钱

我们来聊点俗气的——谈谈钱。

出生在优渥家庭的 W，35 岁之前就没为钱烦恼过。他不需要埋头工作，也不用为生计发愁。他把打工赚零花当生活兴趣，不仅能结交志同道合的朋友，更能增广见闻，日子过得岂是一个"爽"字了得。

前些日子，听说 W 家里有小孩患上肢体方面的罕见病，不但多次动手术，最后还装上了康复支架。小孩的治疗及康复过程漫长不说，还得需要各种不同专业医护的协助，以及随着年龄的增长和病情加深更换昂贵的支架……由于没有保险，W家最终因此被拖垮了。

此一时彼一时，如今W为了稳定家中开销，开始长年奔波于外，认真赚钱。毕竟在残酷的现实面前，没钱就是没选择。

还有一个故事。K的妈妈患癌，发现时已是晚期了。按照医生的说法，如果采用保守治疗，应该还有机会活半年到一年，甚至更长时间，然而K的妈妈直接选择了放弃治疗。

"没必要浪费钱，不治了！"

是呀，生老病死都是命，治不好了为什么还要治？但事实上，每个人都知道，K的妈妈选择放弃治疗无非是不想给家里增加经济负担罢了。所以，当大家一直劝着她不要放弃治疗时，却都忘了有一种无奈是——在现实面前，没钱就是没选择。

而这一切不是想不想的问题，而是根本没有选择"要"或"不要"的问题。因为摆在现实面前只有一条路，那就是"要不了，也要不起"！

有没有那么一刻，你也曾感受到贫穷离自己那么近？当你连一顿饭钱都付不起时，因为高额的医药费而不得不放弃治疗时，硬着头皮为了儿女的学费跑去向人借钱时……那一刻，你会懂得，人没有真正经历过贫穷，就不会了解贫穷会窒息希望，并且会毫不留情地削弱人抬头挺胸的底气；你会感受到从贫穷延伸出的千万窘态，它会在人性深处扎根并生出最深的绝望；你会明白"有钱真好"和"如果有钱就好了"两者之间的天差地别。

也唯有缺过一次钱，人才会真正明白金钱意味着"可以选择做什么，而不是只能做什么"；也真的只要缺过一次钱，人就会真正了解到"在现实面前，没钱就是没选择，你不认也得认"。

○ 维持人生的，除了信仰与理想，还有钱

这绝不是推崇"金钱至上"的想法，我也没有在强调"钱不是万能的，但没有钱万万不能"才是生活事实。

不得不承认，这世界有太多我们办不到的事，而钱大都能办得到。生活中有大部分的快乐和自由，得靠金钱来支撑；很多的麻烦和情绪，能用金钱来排解。更可笑的是，尽管用钱买不到快乐，但很多情况下，没钱一定会让你不快乐。尽管有钱不见得能让我们幸福，但可以肯定的是，没钱在某种程度上而言一定会让我们很不幸。

当然，我们会相信"金钱不能衡量人的价值，财富不是人生的终点"，也会认识到"当金钱站起来说话，所有的生存现实都会保持沉默"。

太多的事情一旦摆在生存面前都是不值一提的。看见没钱的人拼命赚钱，有钱的人想赚更多的钱，没尝过贫穷真正的滋味也没想大富大贵的你，就不要站在自己的价值观制高点上，对别人为了金钱而奔波的努力而不屑一顾，更别轻视别人面对贫穷时所有的无奈。

有时，在现实面前，能让一个人坚持下去的，除了理想和信仰，就是金钱。

房租房贷要钱，水电燃气费要钱，电话网络费要钱，出门坐车要钱，吃饭喝水穿衣要钱，开灯洗澡睡觉也要钱，只要你还在呼吸，一切就都要钱钱钱……

没钱又要拿什么去维持生活？没钱又如何照顾亲情、经营爱情和联系友情呢？

说到底，我们所有的努力，最终都是为了让生活过得更好。

不管我们愿不愿意承认，要过得更好的前提就是有钱。有钱，我们才能拥有理想的生活质量，而这正是量变带来质变的最好证明。

所以，在现实面前，你最需要争的那口气，是别和金钱过不去。当所有的问题都可以通过赚钱来解决时，比起无力余生，努力赚钱才是最大的美德；比起穷困潦倒，努力赚钱就是最体面的生存方式；比起一事无成，努力赚钱就是自身价值最好的表达。

○ 成年人的底气有时是银行的存款

或许，大家对自己未来的计划都有着同一个开头——"等我有钱了……"，但"等我有钱了"却是一个伪命题。财富没有终点，我们永远不会知道有多少钱才算是"已经有钱"。谁都不知道，生活会在什么时候给你一个当头棒喝；谁也不知道，小孩怎么就得了罕见疾病；更不明白，母亲怎么就会患了癌……

平日大家都是一日三餐地吃，看不出有钱没钱的区别，一旦有事发生，钱的残酷与温柔就会一览无遗。

真正的现实是，赚钱的速度远远赶不上花钱的速度。等你有了钱，或许你已经老了；等你有了钱，或许一切都已经变了。最后，我们或许感觉不到顺其自然有多自然，但一定能感受到现实有多现实。

在现实面前，别说钱不重要，对此，我们都要清醒一点。

钱不是生活的目的，但有了它，我们才能随时拥有选择权，才能生活得更健康、更自由、更有尊严。所以，努力工作、努力学习、努力成长、努力赚钱，不是为了改变世界，而是为了让自己有足够的能力，抵御自己及身边人发生的改变。

唯有经济独立，才能在父母生病时，及时尽到为人子女的义务；在孩子成长的过程中，给予孩子良好的教育；在感情出现裂痕时，可以勇敢地做出选择；在面临健康、尊严、自由即将被剥夺的时候，可以为自己奋力一搏。

每个人对金钱的态度，其背后都是一种价值取舍，隐藏着我们内心对金钱的某种信念。

这不是在鼓吹什么"金钱崇拜"，而是一种坚定价值的信念。当金钱是能力和本事的代名词时，我们更该善用之；反之，金钱若成为邪恶与阴险的爪牙，那我们当然宁可穷死，也不能受用之。

会赚钱才会懂得花钱，花钱才能痛快，因为那是价值交换；不会赚钱才会害怕花钱，花钱才会痛苦，也才会斤斤计较。

说到底，从某种程度上而言，成年人的底气，终究得靠自己在银行里的存款来支撑。

有钱不该是做想做的事情的标配，有钱是不想做什么的时候的底气。有钱是对抗风险和说"不"的最大本钱，有钱才能给自己最大的安全感。

当你不被钱限制的时候，你才有可能成为一个真正丰沛的人。

好汉
不提当年勇

你要有新故事，才不会对从前念念不忘

关于经历

前些日子，埃隆·马斯克心血来潮，在推特发文："12个月以前，我是年度风云人物。"

先不论他想要证明什么，网友们倒是一致同调狠酸了他一把："好汉不提当年勇。"

这意味着什么？这意味着人家是马斯克啊！人家还是年度风云人物啊！但人家做的事，12个月后拿来说，就都不是条汉子了，那我们怎么会以为自己一直说着过去的英勇事迹，别人仍然会当自己是英雄呢？谁还没有个"厉害的当年"呢？

先不管当年谁是真好汉，也不管从前到底谁最勇，说穿了都是"初老症状"的一种征象。大家的"忆当年"就像一种社交起手式：

"以前去参加海洋音乐节时，我们都直接睡沙滩啊……"

"以前我们都是唱歌喝到天亮直接上班啊……"

"以前我们每天都加班到天亮……"

当拥有共同回忆的人相聚在一起时，难免会借由回忆重温生命里那些"辉煌"，去追逐早已远去的笑声和心情，从而开启更多共同话题来联系感情。

不过，忆当年的重点通常是"拥有共同回忆"！

奇妙的是，如果这个"辉煌"只属于"一个人的精彩时"，整个氛围感就变了。一个人的"想当年"就成了一种自我毁灭式：

"以前我在×大念书的时候……"

"以前我当篮球队长的时候……"

"以前我还很瘦很帅的时候……"

"以前我在外企工作的时候……"

"以前我和×××在一起的时候……"

蓦然，这才发现，回忆很美好，才会让人怀念；回忆很甜蜜，才会让人惦记；回忆很温暖，才会让人依恋；而彼此懂得才会让人不想被取代。

一个人不断追寻记忆里尝过的甜头，说到底就是没攒够失望，甚至还对美好有着冀望，自然才会有执着与牵挂。毕竟，若往事只剩沧海与桑田，没有"当年勇"能提也无妨，但有"从前苦"也只会想要把酒忘啊，不然又有谁会想把"苦尽没甘来"当佳话来讲？

"当年勇"就像一种执念，谁都希望自己也有被谈起的"经历（过去）"，只是不断将过去挂在嘴边，不也代表着生命中的高峰在那之后就已结束了吗？

况且，若是自己的大名早已如雷贯耳，又何须再提？若是真的"好汉"，就应该是"进行时"，而非留在"过去时"。毕竟有些人过去是条好汉，未来也有可能变成"渣渣"啊；同理，现在若是更辉煌，那么"当年勇"就不值得一提再提了。

但又有多少人能明白，那些念念不忘的从前，不过是现在渺小的自己与这个世界最坚韧的连接。如今，自己也只能在岁月里回首天高地厚，而那些沾沾自喜的过去，事实上就是自己现在渴望得到的认可、自己可望而不可得的残影，无奈这些最后都成了自己茶余饭后唯一能品味的虚荣。

我想说的是，在社交的场合，太多人的开场白都是："我以前在×大读书的时候……""我以前当老板的时候……""我以前怎样又怎样的时候……"

生活里，很多人聊天也总会提到："像我以前当兵的时候……""像我以前打球的时候……""像我以前……那时候……"

似乎只要这样说了，就不需要费尽口舌介绍自己曾经做过什么或做得有多成功，甚至可以期待外人自动给予一抹尊敬或理解的眼神。那就像一种免费的虚荣，像一种作弊般的自述，用过去的荣耀为现在戴上光环，却都忘了人只有在现在过得不好的时候，才会去想着过去的美好；也唯有精神贫瘠的人才会想处处显摆，因为没新故事的人，通常才会对过去念念不忘。

我们都要有所警惕，若是过去已不是助力，反成了阻力，那么，就更该把它深藏于心。毕竟，人生不会因为你高调显摆而变得绚烂，只会因为你"力藏于心，内敛于外"才更显丰满。

所以，如果你对自己的过去无法割舍而变成了一种执念，为了追寻曾尝过的甜头而活在过去，你无法看见现在，那么，就从现在起，抛弃掉这样的执念，换成另一种信念——"没有努力奋斗过的今天，就不会有明天的'想当年'呀"！

你要相信吸引力法则，让我们专注眼前、不负当下，念念不忘，才必有回响。生活让我们明白，面对过去，就要既往不恋，相忘江湖，才是真的难能可贵。

时间会告诉你，越是努力专注于当下，越是努力过日子，那些你以为一辈子不会忘记的事情，都会在那些我们念念不忘的日子里，慢慢被遗忘。而新的故事才会层出不穷，也才能让未来可期。

如此一来，即便余生春去秋又来、花开花又落，日子继续过，我们也都能不忘眼前，念念当下，当然也会既往不恋，果敢向前。

我相信，认真如你，是条好汉就不需重提当年勇，因为大家肯定都知道当年你是真的勇！

我们这么努力
为了什么？

成长是自己的事

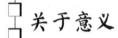

关于意义

　　某个艺人朋友在高级会场订包厢开生日派对，我和一个对自己很照顾的姐姐决定去打声招呼。派对现场什么样的人都有，还在演艺圈底层打滚、却不知未来在何处的"小鲜肉"居多。身处社交的场合，大家难免会互相介绍认识，而几个男孩可能也想借此博得一些机会，特别热情地和姐姐聊了起来。我在一旁正跟别人说着什么，突然间，听到一个男孩说："阿姨，我不想努力了！"

　　"阿姨，我不想努力了"这句网络流行语，说的就是现在很多男生想直接傍富婆、走捷径的心情。但是，当金钱的主动权不掌握在自己手上，这就代表你不会拥有选择权，那又有什么意义？不如先找到意义吧。

我们这么努力到底是为了什么？

人们常说，人庸庸碌碌一辈子，其实也没什么意义，到头来两眼一闭、双腿一蹬，什么都带不走，之后谁知道到底是去天堂还是下地狱！这时候，"努力"仿佛成了玄学，没有一点悟性还参透不了呢！

某天，与友人一起吃饭，酒过三巡、菜过五味后，大家照常闲聊。

"哎，算了吧，这不就是人生，反正也改变不了什么。"朋友A说。

"这是标准答案吗？我真的很讨厌大家面对事情最后都是这种态度。"我认真了。

"一认真就输了，那么努力干什么？吃饱没事做吗？"朋友B问道。

"那么努力就是想活得爽呀，就是想要可以说'关你屁事'呀！"说完这句话时，我把酒一口给干了，话就这样脱口而出。果然，酒精下肚后讲出口的话就是爽。

大家不要觉得醉话就是乱讲话，微醺时说的话才称为真心话，不知有多少古人留下的金句箴言，都是他们酒后所说的。

出来工作这么多年，见多了因为不想惹事而妥协的人，也见多了因为利益而低头的人，我在此也就不多说那些"为了理想、为了梦想还有什么价值"的话了。

所以，人生到底追求什么？我们这么努力为了什么？

○ 就想追求一个肆意的人生

人生在世，我们无非是想要过得肆意快活。但肆意和洒脱都是建立在有相对实力的基础上的，所以还是先让自己变得更强吧。否则，没资格、没本事，所有的事就只能无能为力；没有钱、没有权，所有的委屈也就只能自个儿吞了。

○ 就想追求更多的话语权

就是想要在"对就是对，错就是错"的时候，不用顾忌那些千丝万缕的人际关系和利益往来。

○ 就想不被人左右

就是为了等到十拿九稳时，可以在忍无可忍时无须再忍，给那些小人以迎头痛击，让他们尝尝猝不及防而又无可奈何的滋味。

其实，每个人要的精彩都不一样，每个人想要拥有的肆意也不同。

我们很多人都出身贫寒，毫不起眼又极为普通，但我们的内心并不普通，我们都有一颗骄傲的心。

有人家里有矿，但他并不因此满足，他努力证明自己，因为他的内心也有着一份骄傲。

所以，他们这么努力，就是为了不辜负这份骄傲。

有人这么努力，是为了让自己成功的速度，能快过父母老去的速度。

有人这么努力，是为了让自己赚钱的速度，能超过自己用心扶持孩子成长的速度；或是为了让自己走到婚姻的尽头时，不用担心离婚后生活过不下去；或是为了让自己生病的时候，不用害怕负担不起高昂的医药费。

那么，我们扪心自问：我们这么拼命、这么努力到底是为了什么？

为的是证明自己的灵魂还活着，为的是证明自己与朋友酒杯碰撞的不是破碎的梦。

为的是自己不让父母失望，而是成为他们的骄傲和依靠，让爸爸遇到熟人可以有吹嘘的资本，让妈妈想买什么就买什么，卡刷下去眼睛眨都不眨。

为的是想和喜欢的人并驾齐驱，谈一场势均力敌的恋爱。有一天当我们站在我们爱的人身边，不管他富甲一方还是一无所有，我们都可以张开双手坦然拥抱。

为的是人生只有一次，不怕自己后悔。时光不会重来，时间不会倒流，曾经错过的风景、错过的路、错过的人，都会成为无法回头的回忆。而想去的地方很远，想要的东西很贵，喜欢的人很优秀，爱的人在变老……很多事情现在不做，以后就不见得有时间或体力去做了。

也许最后你会问："努力真的有用吗？"其实，关于这个问题我也没办法回答你。但我知道，努力，是为了日后可以遇见更好的自己。

辑 三

人际交往

给一直处在职场上升期
正努力变强的你

宁当"钢铁恶人"，
也不做"玻璃小人"

不是别人太难处，是你自己太"易碎"

关于情商

有人总是说，我们就是受到儒家思想的熏陶，所以才会这么推崇容忍、宽恕、包容、退让等品德；似乎每件事情都要用大气、豁达、妥协这样的态度去对待，才叫"做得好、做得对"或"高情商"，反之就是"不好相处""难沟通""脾气差"。

看多了衣冠楚楚的"行尸走肉"，大家仿佛也更尊崇这些表面上的克己复礼，好像泰山崩于前而不改色才是成大事的首要条件，若是能做到斩断七情六欲，那就是大成就者。

不如，就来单纯论论"职场做事"这个问题吧。

步入社会至今，我遇到过很多老板，也做过很多事，学到最重要的一点就是"坚定果断"。

试想，当一个领导者无法清楚表达自己的观点和理念，无法明确坚持个人的底线和清晰划分责任，即便遇上不合理的对待也无法用坚定的口吻表达自己最真实的感受，即使遇到情感阻碍或面临损失时也无法果断止损，甚至对事情的处理态度总是含糊其词，最后导致任务方向总是不明，策略指令朝令夕改，以致信息沟通满是混乱一片，和他一起工作的人又怎会有安全感呢？人心不动摇那才怪！

因此，身为领导，我时时刻刻提醒自己，绝对不要变成以前自己最讨厌的那种人，更不希望别人眼中的我会令人感到不安。久而久之，行事作风干脆利落、雷厉风行，不拖泥带水成了我管理工作最大的优点。当然，这也肯定是我的缺点。毕竟，在东方文化里，强势的气场确实不讨喜，尤其我还是个女人。

我相信，"坚持做对的事，不求迎合而改变"是对自己专业的负责；"清楚地表达想法，直接切入重点"是提高效率的表现。但事实上，果断而坚定地表达立场的人通常也很容易背负"不好相处""难搞"的罪名。

当别人反问几句，就认为别人是针对自己；当人家提出专业意见，就说人家过于武断；当对方提出对事情更好的建议，就认为对方是意见太多……反观这些人，明明是自己太脆弱有颗玻璃心，还要别人为你的软弱来买单，根本就是假明事理的真小人。

后来，我总结了一个心得，以高情商的佛系做法，即每一件事情都用温柔且含蓄的态度来提出专业建议和想法，并且要用迂回且婉转、不能太肯定的沟通方式（不然会被认为太过武断或强硬）来整合意见和说服所有人，这样，才能扮演好一个"好沟通（好相处）"的角色，直到每个人都满意为止。

而在这过程中，除了老板，就算你是该项目的最高负责人，明知道这样做不好，但为了迎合所有不认同的声音，还是得含笑接受那些对专业的误解，因为这样才叫作"高情商"。

这到底是在"搞事业"还是"搞事情"？怪不得，累死你的从来都不是工作，而是在工作中遇见的人。

我们在工作中常见到两种人，一种是理智派，他们坚守规则，重视目标和结果，在做事的时候很少带自己的情绪，也希望合作方能不带情绪地一起处理问题，追求效率；另一种是人情派，他们认为搞定了人，一切就都搞定了。在他们眼里，没有什么是一顿饭不能搞定的，于是三天两头到合作方那里聊几句联络感情，因为他们觉得只要成了朋友都好做事。

但奇妙的是，大家若仔细观察就会发现，那些工作起来特别理智的人，在生活中大多是充满人情味的；然而，私底下内心比较冷漠的人，有时候竟然是人情派，因为对于他们来说，"情"才是最单薄的东西。

两种做派，并没有优劣之分，在不同领域里肯定都有成功的佼佼者。做事时喜欢对事不对人的人，不管外界如何变化、合作对象是谁，一直会坚持自己的原则，用"把事情做好"来体现自我价值；擅长与人沟通的人喜欢把"关系"作为行事准则，认为只要善用关系，成功都是互相帮忙的事。

实际上，工作时难免会出现冲突。一味地追求原则，喊着对事不对人，有时候无法安抚双方的情绪，有了情绪确实也不好办事；但一味地强调人情，往往又会致使权责不分、效率低下，最后导致事情办得不上不下。

这不是二选一的问题，是有没有办法做到"跳恰恰"的操作问题。坦白说，纵观整个职场文化形态，也许被老一辈口口相传的"温、良、恭、俭、让"这些美德成了人人推崇的处世之道，但做事时，这种特别注重人情的"完人教育"所带来的后果，有时往往阻碍了事情发展，从而导致一个人失去竞争力。

试想，当每个人事事都小心翼翼，大家总是温柔客气，怕太过明目张胆显了野心，却忘了逆来顺受没了出息，还怎么做事？

更不用说，这已渐渐成了一种畸形的社交礼仪文化——"强顺人情，勉就世故"，好像凡事直接一点就是不尊重他人，说实话自己就会被讨厌；好像所有的事情一定要粉饰一番，这样彼此才能好下台。

你不累没关系，但总把事情搞得那么复杂，就是罪呀！

我认为，也许做事雷厉风行会给人"有脾气"的感觉，但做事讲原则，才能做到对事不对人，也才能专注、高效地把事情做好。当然，这背后还有一个最现实的前提的，那就是要先有实力充实的底气，不然，说这么多也都只是说大话罢了。

古往今来，那些成功人士，多半都不是什么性情太过温和的人。

你觉得乔布斯做事会轻易妥协或迎合他人吗？人家脾气可大了，但我相信他之所以能在自己的领域里有成就，绝对不是因为懂得妥协让步，更不是因为没有脾气，而是懂得掌握好脾气的尺度，同时还坚持自己的原则，这样才能真正获取成功。

总的来说，现今社会太多人浑身都是敏感点也就算了，还总要搭上个面子来说事。只要别人比他还优秀，讲话比他还坚定，那个人对他而言就是个低情商的恶人！

真的，拜托一下，有没有玻璃心是你的事，但上战场至少也搞一件"防弹衣"吧！不然人生漫漫征途，老是因为他人的几句话就气乎乎要告状，这是病，得治啊！

况且，你既然没那么优秀，到底哪来那么多的矫情啊？若只有这样才叫"高情商人格"的话，那么我宁可当"钢铁恶人"，也不想沦为"玻璃小人"。

这真的不是别人太难相处，而是你自己太"易碎"啦！

要么忍，
要么狠，要么滚

拥有滚的底气，才是真正的安全感

关于处事

　　我的父亲是个白手起家的成功商人，所以难免自恋，也特别爱讲大道理教育人。

　　他将自己管理企业的经营理念融入到对子女的家庭教育里，其中影响我最深且让我一直牢记于心的最高处事原则，就是"面对它、接受它、改变它、放下它"。没错！很明显，这就是改自圣严法师的那一句——"面对它、接受它、处理它、放下它"。

　　两者区别在于，人家圣严法师是用佛法的智慧去传授该如何面对困境的办法，而我是用父亲教的道理在学习做事态度。

简单来说，面对它，遇上事情就要有责任感；接受它，那就心甘情愿地认真去做；改变它，不顺的时候就想办法改变；放下它，真的接受不了就离开。

整个过程就是不断地重复"面对、接受、改变、放下"，直接一点是"做就对了""少说废话""不然就不要做"。果然，在这种家庭教育下长大的我，凭着基因里遗传来的倔强，也把这种态度发挥得淋漓尽致。

成人的生活就像一场接着一场的战斗，在看似波澜不惊的表象下，是一次又一次的挑战。而职场就是江湖，有江湖就有是非，有是非的地方到处可见"心情"，也因此我才由衷感悟：果然圣严法师才是真正的得道者，因为最难的永远都是——面对情绪。

一来二往，经历了太多折腾，慢慢地，我也少了些柔软，多了一点强硬。但我为人处世的态度倒是变了不少，走着走着也悟出了属于自己的处事"三原则"——要么忍，要么狠，要么滚。

对，就要简单粗暴，就要速战速决。

○ 要么忍

在职场摸爬滚打多年，你一定会发现，真正想离开的人往往默不作声，而整天吐槽要离开的人都赖着没走。其实，这世上没有一份工作是不受气的，也没有一份工作是完美的。当你没资格、没本事的时候，有气就憋着，与其抱怨，不如忍一忍。很多人忍气吞声多年，并不是他们没有脾气，而是他们愿意对自己狠，默默地为反击或离开做着养精蓄锐的准备——就为了等待自己真正变得强大的那一天。

○ 要么狠

你必须非常努力，对自己够狠，逼自己进步，这样才有可能变强。而变强的同时也才能硬气起来，遇到不友好的人，不用客气，不要让他们变本加厉；遇到机会来临，不要怯弱，更不要错过，往前争取。只有越强越狠，才能在自己要做选择的时候，不需要迁就，不需要忍让。人该有脾气的时候不要没了个性。这就跟"初生牛犊不怕虎"是一个道理。只要你足够玩命，无论对方是天赋型还是刻苦型，统统都会给你让路。第一只有一个，永远都会留给最狠的那一个。

○ 要么滚

忍可以，但要分什么事。很多时候一味地忍气吞声，也是不会有好结果的。所以，忍无可忍，就无须再忍，"此处不留爷，自有留爷处"。这是弱肉强食的世界，输了就滚，惹不起至少也躲得起吧？不妨早早就开始暗中为自己积累实力、人脉和资源，找机会跳槽到更好的地方，理直气壮地离开。

每次听到有人不断抱怨上班或苦于在职场中看人脸色时，我总会问："你超级讨厌你的工作，你总是抱怨工作如同炼狱，你的同事都爱耍心机，你的主管笨得像猪，你做的事情毫无意义，那么，你怎么还不换工作呢？"

不换的原因，是不是你压根找不到其他工作，只能留在这里？那么，公司都没嫌你是废物，你怎么好意思抱怨公司？还是说在你眼里，公司也是有优点的，所以你才离不开？那样的话，就请爱上这优点，真正投入工作，继续自我增值。

若是找不到公司值得留恋的地方，那就直接跳槽吧。你又不是签了卖身契，还在磨磨蹭蹭干什么呢？

如果你又不愿忍，也不愿对自己狠，那就等着看看现实到底有多残忍。当然，你也可以滚回老家吃老本。若是你过去对自己足够狠，势必也一定积累了许多老本。毕竟努力的意义，就是让自己随时有能力跳出自己所厌倦的圈子。而有时为了"滚"而做的努力，反而才能让你立于不败之地。

有了"滚"的底气，那才是职场真正的安全感。如果"忍"是世界观，那么"狠"就是方法论。忍而不狠，伤心伤身；忍转为狠，才会释然平衡。

一个真正聪明的人，该忍时忍，该狠时狠，该滚时滚，一切都在自我掌控之中。如果哪天我忍着，也一定是在密谋一个"一击毙命"的计划。只要我愿意卧薪尝胆，就代表我不愿意忍气吞声。

在这个过程中，无论如何都要记得：人前强装镇定而不露痕迹，日后你一定会感谢这个不动声色的自己。

那些"凭什么"
就是俗称的"底气"

把每一个"凭什么"换成"为什么"

关于底气

"他到底凭什么？"

"他凭什么可以那样？"

……

多数的抱怨基本上都如此开始。

这种话，追根究底都属于价值观的问题。毕竟，当出发点已经不是"为什么"，而是"凭什么"的认知时，我们就已经可以看出这个人在"做事"或"处世"时，是用什么样的思维了。

通常会问"凭什么"的人习惯抱怨规则，而会问"为什么"

的人往往接受游戏规则。

前者是相对弱势的价值观，后者则是相对强势的价值观。

当一个人面对一件事情的发生时，如果越觉得不公平，就越会尝试去攻击规则。他通常都是将自己摆于被害者的立场，总认为规则是不利于自己的，这就是典型的弱势价值观。相反，若是较少去质疑规则，当事情的发生与自身想法相违背时，他会开始去分析问题，找到思路，再想办法解决，这样的人通常是主动出击型人格。

久而久之，你会发现，一个老在问"凭什么"的人，都在等别人给他答案；而会问"为什么"的人，则不断解决问题并且前行。

这时候，肯定有人会说："你要是既得利益者，当然会觉得规则是公平的呀！"这根本就是伪命题。少逞口舌之利来合理化一切了！世上本来就没有绝对的公平，就连人心都是偏左偏右的，你说职场有公平吗？感情有公平吗？人跟人之间有公平吗？

当然，我们是在讲心态，而非针对公平，你若一直陷在这样的窠臼中，可能重新投胎再做一回人会比较快得到公平。

若是你还没有办法做到把每一个"凭什么"换成"为什么"，何不试着反过来，不问别人"凭什么"，多问自己"凭什么"？

你比别人更努力吗？你比别人对自己的要求更高吗？你比

别人付出还更多吗？如果你都没有，你凭什么质问别人？你有什么理由羡慕别人？你又有什么理由怀疑别人？

如果得出的回答是"没有"，那你又是"凭——什——么"？！

等到有一天，你用实力累积了属于自己的"凭什么"，你便会发现自己已经成了一个总在寻找"为什么"的人。而到这时，那些"凭什么"才会成为我们俗称的"底气"，那些"凭什么"也将成为我们敢于将喜怒形于色的资本。

而这一切的积累，才是真正成就一个人的价值所在。

不要刘备团队，
只要唐僧团队

没有完美的个人，只有完美的团队

关于团队

　　为了保住"饭碗"，在此，我先声明如下："此篇绝对不是在抱怨老板，绝对只是在分享我的不明白，因为老板永远都是对的！"

　　事情是这样的。

　　过去，在一些工作场合，一些合作伙伴或项目投资者常对我说：

　　"久仰大名，原来你就是那个孙悟空。"

　　"……"

一次还好，两次还行，第三次……

好好聊天可以吗？谁跟你一样是一只猴？！

这些话当然只是我心里想想而已，怎么可能说出来？社交守则第一条——保持尴尬又不失礼貌的微笑，哪怕跟对方尬聊到底。

后来才知道，原来我们公司老板对外都是这样形容我的："她就是孙悟空，能力强，什么都会，可以七十二变，不过只听唐僧的话。"

大家千万不要以为上述我老板说的这些是在社交场合才会出现的，内行人都知道，其背后的潜台词绝对不是在称赞我神通广大（应该是在强调他自己是唐僧），因为每回做工作总结时，老板总是叹气无奈地对我说："你还是太做自己了！"

这句话，若是我在以前听到，肯定会因为觉得不被理解而痛苦，为此在意到不行。不过，我现在都到这把年纪了，早学会不再为难自己了。毕竟在社会上摸爬滚打，谁管你在不在意。人家要怎么想你，你阻止不了。所以，我也从早期先入为主的"长期受害者"升格成"经典代言人"了。

反正多说无益，终究还是得用实力为自己的态度说话，把情绪转念成自嘲，余下的由自己吸收，这个过程我称之为"成长"。

我有时便会自嘲地想，果然是我老板，实在有远见，因为有成功人士就说过："真正强大的团队就该是唐僧西天取经的团队。"换句话说，老板把我比作中国四大名著《西游记》里的大主角孙悟空，可我没闹过天宫，也没偷过蟠桃，我绝对是他"取经"路上特别有价值的人吧？

那就来聊聊"团队"吧。

读书的时候，每每论起历史上的最强团队，就很自然地想到"刘备、关羽、张飞、诸葛亮、赵云"这一组能人异士。毕竟比武功、讲义气、论忠诚、谈志气，"刘备团队"个个都是精英。

但在职场混久了，就会知道，让一群精英在一起做事，那是没事找事干啊。公说公有理，婆说婆有理，先不说每个人意见一堆，让管理难于上青天，而且谁都有自己的坚持，一到权衡利弊时，就人多嘴杂，开完会只会让心更累。

因此，我特别认同"团队论点"——不要精英团队，需要的是一群拥有相同价值观、平凡却不简单的人，一起干成一件件的大事。而"唐僧团队"就是最好的创业团队。

○ 唐僧

作为团队的领导者，唐僧虽然没有降妖伏魔的本领，很平庸，但他目标明确，品德高尚，知道如何念紧箍咒，以权制人，更懂得用人以能、攻心为上，讲究以德服人，让大家心甘情愿追随着他的信仰和使命，不顾途中妖魔鬼怪的迫害，一心前往西天取得真经。

○ 孙悟空

孙悟空性情率真，有情有义，敢作敢为，还有着火眼金睛和七十二变等上天入地的高超本领。不仅忠心耿耿，还有着拼搏毅力。这猴子偏偏就是嫉恶如仇，正义感爆棚，不怕和黑暗势力作斗争，表现过于真性情，为人桀骜不驯，性急如火，有着叛逆难控的心性，在职场中常被塑造成敢与权力搏斗的人物，是团队里的实力担当。

○ 猪八戒

猪八戒贪财爱物，迷恋女色，是典型的一个吃货。虽然偷懒耍滑，但能吃苦耐劳；尽管有点贪心，却不曾巧取豪夺；虽然作战勇猛，但容易动摇；尽管自私自利，还是会懂得顾全大局。在这些缺点的背后，透露出猪八戒可亲可爱、憨厚老实、富有人情味的一面，倒也让取经团队途中的情趣多了不少，给大家带来轻松、活跃的氛围，是团队里的活跃分子。

○ 沙僧

沙僧正直憨厚，从不抱怨，虽然降妖除魔不是他能力范围内的事，在西天取经途中，纵使无趣，但忠心可嘉，任劳任怨，什么脏活累活都干，是最成熟稳重的存在，是团队里的实干担当。

回头看《西游记》里的这些角色设定，一行角色特点不一、优劣不同。唐僧只知发号施令，却无法推行事务；悟空善于降妖伏魔，却不干小事；猪八戒惯于打打下手，还粗心大意；沙僧表现平庸，没有主见。

然而，唐僧也许没什么专才本事，但目标专一，不忘初心，能把握大局。孙悟空武功高强，能征善战，善用人脉搞公关，但脾气太大，麻烦也最多，影响大局，仅适合冲锋陷阵。猪八戒看似一无是处，干活的时候能躲就躲，有吃有喝的时候来得最快，却能讨大家欢心，调节气氛，关键时候还能打打下手，这种人在团队也不可或缺。沙僧不讲什么使命感、价值观，为人老实勤快，反正打卡上班一天八小时，就是做事干活，最适合做琐碎杂事、基础工作。整个团队在取经的过程中，懂得充分利用各方资源和人脉关系，遇到困难会请菩萨、神仙出来排忧解难、化险为夷。

这样看来，没唐僧就没有目标，就没有团队的包容力和凝聚力；没孙悟空就没有勇于尝试的创新力，就没有勇于担当和变革的能力；没猪八戒就没有团队的活力和快乐，就没有团队成员之间的亲和力；没沙僧就没有规规矩矩、踏踏实实的执行力，就没有任务的扎实落地。

太多有关管理学的书都说，团队本就该是"德者领导团队，能者攻克难关，智者出谋划策，劳者执行有力"。这里，我不妨换个说法：一个好的团队就是"老板要像唐僧，做事要像孙悟空，生活要像猪八戒，做人要像沙僧"。因此，没有完美的个人，只有完美的团队。

孙悟空是一个没有任何后台的草根角色。他单靠勤奋好学，练就一身非凡的本领，才拥有了与唐僧等人一起"工作"、实现跨越阶层的机会。他每每被委以重任又不被信任，因为不按常规操作所以常被很多人批判，越是想把事情做对就越适得其反。兴许，就是因为孙悟空敢向一切权威挑战、不愿意无条件服从的心性，才会被许多学者归为悲剧性的英雄角色，即便最后他成为"斗战胜佛"。

真正的高手过招
是无招胜有招

没有死的技术，只有活的方法

关于自学

　　我们都知道，世界是不公平的，生活从来就不是你比别人早吃苦或多吃苦，你就能比别人先尝到甜。毕竟努力和天分之间还是有差距的，但"天赋不一定有用，努力一定有用"也是不可否认的硬道理。所以，当听过了太多"勤能补拙"之类的故事，却又身处一个"努力也不见得就会成功""努力的投资回报率太低"的年代，我们需要做的就是认清一些事实、找到一些方法，这样才能拥有坚持努力下去的信念。

　　一言以蔽之，不仅勤能补拙很重要，方法也很重要，"坚持"

更是不能少。毕竟每个人都有自己的战场，每个人在战场上都
有自己的位置，选错了战场、站错了位置、努力错了方向，结
果都是徒劳无功的。

○ 学习"由心而生"

这是一个很简单的道理，但是切入点如果没选对，就使不
上力了。先简单举个例子，让大家感受一下。在日常工作中，
常会有美感欠缺的企划或小编来请教我"美感到底要怎样培养"
这样的问题。而我总是这样回答："美感在生活中就可以训练
了，只需先从自己生活里的细节开始'讲究'。选一件自己最在
意的事情开始，如出门的穿着打扮、桌面的摆设，或者从厨房、
厕所、花园一角这些地方开始讲究。反正就是为了好看，为了
看上去更有质感，为了让自己感到舒服，就多花点心思去特别
'讲究'。比如，多琢磨一点自己的穿搭，从风格开始，再到色
调……这样一点一点地微调就是'讲究'；比如，关注一些社群
账号，去买适合自己的装备……这样一来，所谓的美感就会从
这些'讲究'中慢慢养成，久了也就成了属于自己的品位。"

"由心而生"就是一种意志、一种欲望。人越想讲究，就会
越花心思。

大家可千万别小看"由心而生"的力量哦，因为有种"专

注"叫作"要么不做，要做就一定要做好"。就像我一样，一旦起了这念头，那种执着的程度，讲好听一点叫"认真专注"，说白了无非是"老娘就不信还搞不定你"的臭脾气。

想要学什么东西都可以，但是唯有从"有心"开始，才会衍生"讲究"的欲，继而才会有更想去"深究"的力。

可见，一个人若是想要强大自己，最先是要"有心"。你去做的，必须是你想做的事，不然谁都逼不了你。因为人性嘛，人总会怠惰、会厌烦，会因为没有成就感而放弃。问题从来就不是到底要怎样变强，而是你若真的想要变强，就要先想清楚为了什么，这时候去努力才真正有意义。它不见得是跟你工作有关的技能，它可以是你的爱好、你的兴趣，对于这些东西，你要开始讲究，再学会分享知识。这个过程就够你去做、去学的了，不然为什么有那么多人会从事"斜杠事业"，甚至"将斜杠事业变正业"呢？

不要再一边说自己"什么都不会"，又一边说自己"好想要变强"，最后却什么都不做，那跟空想又有什么分别？

那么，我们该如何训练？如何开始？如何做到呢？

○ 多做、多干，把基本功练好

还记得，刚踏入社会的那些年，我常对那个没日没夜努力拼命的自己说:"多做一点事不会累死,学到的本事都是自己的。"

还记得,当时所有从自己手中递交出去的东西,哪怕只是一份简报,我都习惯特别加工、包装一下;一切可以先将概念丰富且具象化的东西,不管是提案简报的企划制作,还是整个项目的视觉创意概念,甚至特地制作示意草图、模拟包装模型,或者架设网站、制作影片和广告等,我全都去学。内容能多就尽量不会少、能美就绝对不要丑,这么做,我只想让从自己这里出去的东西看起来更完整,从而获得更多的加分。

这时候的"多干""多做"就是一种逼着自己成长的过程,同时也是练好基本功的机会。

人多做就能多会,越会才会越成熟,最后本事长在自己身上,谁也拿不走。而做这一切都不是因为老板和主管的嘱咐,而是我自己对自己的要求。所以,那些辛苦的日子,与其说我是加班,倒不如说是在锤炼自己。很庆幸,这么做也常常让老板感到惊艳,当然也为自己争得了更多崭露头角的机会。

不妨试着想想,把努力变成习惯——习惯全力以赴地工作,习惯利用做事的机会淬炼自己,这在表面上看,是多付出、无回报,纯粹"傻冒"一个,但事实上这都不是为了公司,也不是为了老板,而是为了成就自己。

当量变到达一定程度,呼之而出的就是令人惊艳的质变。

所谓"练功"，就是简单的动作重复做，重复的动作用心做。想学好任何一项专业知识或技能，扎实的基本功训练是不可或缺的。这个过程，除了多做、多干，没有其他诀窍。

如同国际象棋八冠王乔希·维茨金说的："真正能让我们攀上高峰的不是奇招，而是熟能生巧的基本功。"

你也一定听过这样的话："能将复杂的事情简单做，就是专家；简单的事情能重复做，就是行家；重复的事情还能用心做，就是赢家。"所谓才华，不过就是基本功的溢出。扎下身子多做、多干就可以历练自己，达到智慧的升华，最终实现自己的价值。

○ 真正的高手过招是无招胜有招

说说"自学"这件事。自诩为"台湾杰出女自学家"的我，当初无论是搞一个视觉特效、创建一个官方网站，还是仿写一个APP应用程序，全靠自己上网摸索。阅读无数教学文章、细看无数教学视频……具体步骤就是："按着A的操作做一次，发现行不通；可是B写的步骤太复杂，那不如换C教的办法试试；又发现D的方法好像比较简单，E好像还有模板可以参照使用……"

就这样，不同的方式我都学一点，一遍不会再练两遍，两遍不会就练无数遍，直到掌握其中的技巧为止。整个学习的历程看起来毫无章法——典型的门外汉做法，但只要愿意花时间，靠着临摹、模仿的学习能力，也能把很多事情搞懂七八分。这种感觉就像摸着石头过河，正因为一直在找解决方法，反而让我同步吸收了更多知识，很多经验、技能就这样一点一滴地被自己摸索出来了。再加上一次又一次的实战经验，我也就练就了专属于自己的独特风格。

正因为"什么都不会＝无招"，所以才不受局限；正因为"什么都不会＝无式"，所以才无所顾忌；正因为"无招也无式"，所以才能什么都能吸收、什么都能接受；正因为"无所谓"，所以也才能"无所畏"。而这样的我，虽然是门外汉，但解决问题的能力不输给专家，也莫名培养了一种真本事。

直到有一天，当别人说"你怎么什么都会"时，我这才讶然发现，我早已不是当初那个什么才华都没有的小毛头了。如今，我不仅能在幕前"上战场"，也能在幕后"论战术"，这一身"独立执行且具有商业价值"复合式的武功，就是努力不会骗你的最好证明。

这就是为什么，在"土法炼钢"二十年后，我能如此坚定地在这里分享——聪明与笨蛋之分，只在勤奋之隔；天才与蠢才之间，也只在累积之别。

大多数的人总以"下班后很累""没时间自学"为借口，其实，很多学习是可以与工作同步进行的，差别只在于方法。毕竟，任何时候，所有东西都可以学习，唯独有一样是学不来的，那就是"用心"。

在当下这个浮躁的社会，急于求成的人太多，认不清自己要什么、有什么、能放弃什么，所以"心之所向"——选择很重要。而缺少历练的人，多做、多干才是诀窍。不然，即使是凭运气挣来的，最终也会凭实力亏掉。

自学越久就越发现，在当今这样一个知识随处可得的时代，我们并不需要什么事情都往脑袋里头塞，而要知道如何获得知识的来源，并懂得如何不断学习、如何善用工具，这才是王道。

一个人，"变强"真的没有捷径，内力主要是"由心而生"，招数唯有多做、多干。

当你习惯了随时努力、时刻学习、求知若渴、虚心若愚，你就会真心感受到"没有死的技术，只有活的方法"。这，才是真正的高手过招——无招胜有招。做到这样，也才能在漫漫人生路上见招拆招，逢山开路，遇水架桥，历经千帆，苦尽甜来。

不是所有人
都有本事担责任

遇事能扛住，真正了不起

关于责任

在开篇前，先声明，我这不是在背后说人闲话，这是正大光明地"话家常"。有些事就是要摊到台面上来聊聊，一味地隐忍就是变相的纵容，所以也没什么好遮遮掩掩的，就来说说那个"最（罪）"很多的男人。

这个人是一个新创公司的CMO营销长，也是我遇到过最爱开会、最爱讨论、最让我想用很多"最"来形容的男人。他不仅超爱讲话、超爱分享、开会超没重点，还聊天超级能扯。

对一个行事作风相对利落的人而言，和他共开一个会议简直有如凌迟般的痛苦。每次只要与他开会，我这个急性子要不就是瞬间变成女魔头，要不就是长时间放空神游。

每次只要他一提出"我们再约个时间来讨论一下"，我就崩溃："拜托，就不要浪费我时间了！"但我转念一想，没错，他只是爱分享，这只是他想要的"参与感"。所以，他可以一直开会，也可以一直讨论，他想要的"团队感"我也会双手奉上。但是，他这个人总是空有思绪和想法，却没有组织、分析的能力；明明毫无章法又不懂实际操作，每次该做决策时又不做决定；遇上问题就直接人间蒸发，最后甚至直接不说、不回、不面对。

没事，也许他只是没准备好，这是他的完美主义使然；他只是因为心中的不确定，所以不敢贸然决定；他只是害怕做决定；想要别人给答案……但是，即便他不明白"这世上没有最好的决定，只有决定了才能把事情做到最好"的道理，那至少也得先给个说法吧，这样，事情才能推进啊！

每次，在我有限的耐心即将被消耗殆尽之际，他又会突然出现，说：

"我其实也没太多意见，我以为木木你会直接做决定……"

"我其实也没太多想法，还是尊重木木你的决定就好……"

什么！这是在跟我开玩笑吗？那之前讨论这么久都是在做

无用功？

曾经有合作方跑来跟我抱怨说："他是耍我吗？花了两个月开会，最后说不做了？！"

可见，制造麻烦的思维，肯定无法用来解决麻烦。

明明开会的本质是一种高效、节约成本的沟通方式，然而却有很多会议被搞成了浪费大家时间的形式主义。好像只要一直开会就代表人们工作很忙碌、很投入似的。但事实上，如果不开会，你连能干什么都不知道，这是何其可悲的事。我见过最糟糕的管理，就是不停开会，但却没有结论，这简直就是浪费生命。如果不停开会，到头来还是需要别人来拍板做决定，还是需要别人来分配让事情进行下去，那么，之前开会所耗费的时间和精力，是为了什么？

他想要的参与感，我接受了；他有完美主义，我明白了。我告诉自己：

"这就是工作，最累的从来不是事情本身，而是事情里的那些人。"

"这就是工作，就算事情不如预期，大不了就扛起来，大家一起面对，不用怕。"

果然，不怪别人心眼多，只怪自己缺心眼。我怀疑，他是根本不敢担责！

因为，每次老板或股东在开月会、季会、年会提出疑问时，他都会回答："这都是木木的决定。"天！终于知道为什么我老是莫名被人恶意中伤了，原来就是这种人把我变成了"一意孤行"的人！结果，当我还在想着"有问题一起扛"时，他却想着"是木木的责任"。

原来，他每次都不做决定，根本就是不想担责呀。

人生，本来就是由无数次"选择"而组成的。一个人最终会成为什么样的人，往往取决于每一个小小的选择。能够左右命运的从来都是你的选择，而不是际遇。成人世界的第一条原则就是选择并承担代价，然后无限循环下去。往往也是在这样的过程里，我们看轻了人性，也看清了人心。最后发现，一个人最了不起的本事就是能扛。

能扛住什么？责任呀！什么是责任？不是对那些想得到的事情负责，而是对那些没想到的事情负责。

责任，是关键时刻指引方向、带领人心的信任；责任，是知难而上、解决问题、克服困难的能力；责任，是为失败买单、承担认赔的勇气；责任，是当上级主管面色不改说出"不关我的事"时，而我还在想着"没事，有我在，大不了一起扛！"。

结果，这世界有太多说一千道一万、却连手都不愿意伸一下的人；这世界有太多一遇事就甩锅、连面对失败都没有勇气的人。

原来，这世界不是所有人都有本事承担责任的。

这倒让我更明白蜘蛛侠那一句"能力越强，责任越大"的另一层意义：不仅意味着要有相对的实力，才能去匹配能承担的责任，更意味着——"强者苦要自己吃，事要主动扛，锅要自己背"。

勤于扛事，决定的是成长；勇于担责，决定的是机会；敢于背锅，决定的是格局。

能扛事的人，都特别有责任感；能担责的人，也比较没玻璃心；能背锅的人，能力通常都不差……这一切都是环环相扣的。俗话说得好："事来能扛是本事，事过翻篇是格局。"一个人，能扛多大的责任，就能成就多大的事；能受多大的委屈，就能扛起多大的责任。

因为在敢说敢做敢承诺的路上，我就是期许自己能成为那个可以霸气地对身边人说一声"没事，有我在！"的人。毕竟，真的不是所有人都有本事担责任，但是能扛且扛住了，才叫真本事！

最好的偷懒
是一次做好

做事情就要做好，做完不是目的

关于做事

　　J是一位设计出身的小资男，日常工作之余，非常热爱经营自己的自媒体账号。说起来，他算是拥有许多粉丝的图文创作者。J白天的工作日程是协助营销同事制作社群用的视觉素材，经营管理各产品的社交媒体频道。

　　平常我对他说的最多的一句话是："在快媒体当道的年代，所有内容都被快速滑过，阅读不过是瞬间的事。为了兼顾信息的实时性和制作的高效率，我可以不要求你在设计上做到尽善尽美，但至少排版上最基本的质感和吸引受众还是要做到。"

这要求应该不算过分吧？

我想起某日下班前发生的一段小插曲。

J来找我做例行进度及隔天设计图稿的审核汇报。也不知道那天J是出了什么问题，设计出的图稿的整体视觉不仅完全不平衡，图形也不对齐，字体更是没统一，甚至还搞错品牌色。当天，光是为了修正这些低级失误，J就进进出出我的办公室好几回了。

其实J出现这样的状况也不是第一次了。我当然知道他就是想赶快下班、想敷衍了事。也就在这一天，他修改到一副生无可恋的模样，直接点燃了我的怒火。

不过，他终究是个年轻人，"因材施教"的概念我也还是有的。在"开枪"时，得有点技巧——切入的角度得带点玩笑，不然一开始火力太强，就怕这年轻人的玻璃心又碎了。

"大哥，不是吧？我说这边调整一下，你就真的只调整这边一点？"

"让你改这个大标的字体，怎么后面的大标没改？"

"我说一步你还真的只做一步？一个口令还真的只有一个动作？"

"哥，我给你跪了！美感！美感！拿出你穿衣服的美感来！"

正所谓"最温柔的语调是杀人的警告"，我慢慢点起了火苗。

"这样的东西，你好意思拿到你的照片墙上用吗？！"

"可以一口气就做好的事，你现在不想多做，后面也不会少做！"

"这样，到底是我在刁难你，还是你在敷衍我？"

"没事，你想弄到多晚，我会一起陪你到多晚！"

毕竟面对的是年轻一代的晚辈，最后不能忘记要回马一摸，舒缓一下气氛。

"你明明就是一个很棒的设计师……"

"图也画得那么好，而照片墙也弄得如此的有声有色……"

……

这实在不是我在找茬。明明是一件很简单的事，越想敷衍了事，到头来越容易搞砸了事；明明就是自己能力范围内能做好的事，一开始做事"能讲究"，又怎会"不将就"被人找事？明明就是该感到羞愧的事，但连最基本的"敬业"都做不到，又怎么能说自己是"专业"的？

在职场，"职人匠心"是一种非常难能可贵的精神，那是一种对专业一丝不苟的态度，是非常值得让人尊敬的。因此，在我带领的团队里，当手下听我像个老妈子的念叨听得耳朵起茧时，肯定还会听到下面这一句："在一切可控的时间与预算内，能坚持'能讲究不将就'，能做到'不敷衍有交代'，这才是顶级的自律与负责。"

一次性把事情做好，才是真正厉害的偷懒。把事情做好，不是只把事情做完，才是最好的习惯。

○ 如何做到"不敷衍"，达到"最好"

不妨就先从工作里的每一件小事、每一件细节开始，提醒自己开始"在意"——哪怕只是在意一些错字，哪怕只是在意自己的衣领是否对齐。慢慢地，你一定会感觉到，只要你心头有了想把事情做好的强烈念头，你便会开始注意细节，执拗地为难自己，这时潜意识里的"斤斤计较"就会浮现出来。面对任何事情，你会慢慢有"这边不对劲""那边怪怪的"的感觉，从而变得"吹毛求疵"起来。

一个设计师在计算机屏幕前，一下靠很近，一下又往后，睁一只眼、闭一只眼地在两张画面上左看右看，不一会儿又问旁人："你觉得大一点好，还是小一点好？"旁边人通常会这样回答："我觉得都挺好呀。"这种对细节的锱铢必较，背后就是想把事情做好的心。

你若能为此多花一点时间，哪怕只是多半个小时，哪怕只是多费一点的心思，这就是改变！心若改变，态度会跟着改变；态度改变，习惯会跟着改变；习惯改变，性格会跟着改变；性格改变，人生才会跟着改变。

○ 习惯把事情做好，不是只做完

人家都说习惯是一种很可怕的东西，关键是，它其实特别容易养成。如果说一个习惯养成只需要21天，比"失恋31天"还要短，何不把努力变成一种习惯呢？把"做好"而不只是"做完"当成习惯，将简单的事做到极致，也就是把热爱的事做到了极致，这一切便会成为一种价值。

大家总说："当你真的要做一件事，全宇宙都会联合起来帮助你。"这句话背后的原因或许就是"你想要把事情做好的执念"已经战胜了一切，于是就有了所谓的吸引力法则。

这种执念会带你进入属于自己的平行时空。这是一个你选择"把事情做好"的时空，在这个时空的你，是选择把事情做好的你，当然全宇宙都会帮助你呀！这是属于你自己的时空宇宙，当然你就是自己的全宇宙啊！

总之，我们听了这么多的大道理，关于什么意志力、什么平行时空、什么全宇宙、什么吸引力法则……事实上，这些大道理不过就是简单的一件事——意志力战胜一切。

当你下定决心要完成一件事，当你执着地想要做好一件事，一旦有了这样的执念，意志力一定能战胜一切，平行时空和量子力学就是最好的说明。

就靠着那份信念，努力是不会骗你的。时间也一定会告诉你，把事情一口气做好，而不只是做完，是对专业的负责，也是对自己的坚持。

唯有 do the best（做得最好），才有机会 get the chance（得到机会）！

别人对你的态度
都是你惯出来的

只有弱者才会妖魔化强者

关于态度

　　我也曾经是那种超极容易心软的典型滥好人。有多少次以为退一步能忍一时风平浪静，就会有多少次越想越不对劲。

　　当付出总被视为理所当然，当理解总被得寸进尺对待；当给了福利当福气，给了方便当随便，给了轻松当放松，给了脸还不要脸，给了尊重还是学不会自重……后来我意识到了，再照以前那样的做法，在《甄嬛传》里都活不过三集，早就死在湖里或掉进井里"嘎屁"了。我终究得承认，很多时候，别人对你的态度都是你惯出来的。

这样说吧，如果老王总是用命令的口气叫你去买杯咖啡给他，若是你照做了，这杯咖啡就没价值了，而老王也会认为你这么做是理所当然的。而如果你又让老王养成了习惯，下次你没帮他买咖啡，他就会觉得你变了，甚至对你心生怨怼。

很多时候，太多出于善意的行为，无意间都会以恶意收场。所以也才会有这么一句话："当善良成了弱点，又有谁会说自己是恶？"反而是人家老王老李老张没让你帮他们买咖啡，你哪天心血来潮买杯咖啡给他们，这杯咖啡就加倍有了价值。

真正有价值的付出，不是因为别人要，你就得给，而是因为你想给，所以你才给。你可以给他，但他不能（理所当然地）跟你要。他没要，你主动给，他会开心甚至感恩；他主动要，你就给，他可能还会觉得你特别好欺负。

这世上最难为人的，永远都是人心。

有些人心里觉得"明明就是老王态度不佳惹自己生气"，但或许"根本就是你在作自己"。你生气老王为什么总命令你，却没想过是自己的软弱与不争气，才给了老王这样的机会来指使你做事，而你还站在道德的制高点上，指责老王为什么要这么坏。

这背后还有另一个"人间真实"，即强者不见得就是强势，弱者总是自命清高。这同时也是圣雄甘地的智慧——"老鼠是没有资格原谅猫的"。是的，弱者是没有资格抱怨强者的。

这世上有太多道貌岸然的伪君子，也有太多自以为善的假好人。这些人也许读过很多书，能讲出很多大道理，心中都有"理想大同"，很多时候看事情总是非黑即白、非对即错、非好即坏。然而，回到现实中，他们都是些常打败仗的失败者，有些甚至还是弱者中的弱者。

他们认为世风日下人心不古，他们认为人们只图名利、罔顾道德、价值偏差、舆论不公、公权力不彰、正义难伸、公理不明。只要出了事，他们就怪东怪西，反正在他们眼里全是别人的毛病、社会的问题；输了就用礼义廉耻、仁义道德来"绑架"强者。他们认不清自身的问题，还长着一张喜欢说教的嘴巴。

很多时候，一旦撕开道德的面具，弱者是没有资格抱怨的！宽容是有报复能力的人放弃报复，妥协是平等谈判者之间的相互让步。宽容与原谅是实力相当的人才能说的，而"妖魔化"别人往往是弱者才会有的行为。

伪善与卫道通常是最底层的人性逻辑，他们喜欢站在道德的制高点，像社会负了期待、时代亏了好人，认为千错万错都是别人的错，这就是典型弱者会做的事——意识不到自己的不足，而是把所有强者都先"妖魔化"。

我不断地检讨自己，如果以前别人对我的态度都是我默许的，那么，时间教会我万事藏于心，不表露于情；社会教我太过善良，只会被欺负，那么我出现的所有不良的情绪，都不过是为过去自己的选择买单罢了。

后来我就变了。从前那些道德绑架、情绪勒索的帮忙与邀约，我不想就是不想，该拒绝的就是拒绝。结果，"不怕得罪人"的样子摆了出来，大家反而对我客气了起来。我知道，人心换人心，你对我有一分好，我还你两分；他给我三分信任，我还他六分；面对任何背信忘义的人，我并非善忘，只是不愿计较，若他总是一而再再而三，那么我也不再心慈手软。总之，我不再委屈自己了，也不再讨好任何人了。

后来我就变了。我不再犹豫是否要展现自己的硬气与魄力，意料之中，气场一旦变了，很多人的态度也跟着变了。我说的并不是增加侵略性的那种硬气与魄力，而是遇到事情的时候，我不会为了回避冲突而放弃发声的机会；碰到自己不能接受的状况，我会明确表达"我不认同这个观点"，不会为了客气而失去立场。毕竟，职场上讲究公事公办，这是你展现专业的地方，强硬一点是绝对有理的。

后来我就变了。我开始知道身处非常时期，就要用非常手段解决问题；遇到非正常之人，就要用非常人手段去对付。那些不动声色就能过去的事，就不需要浪费时间和精力去掰扯了；那些能用实力解决的问题，直接拿"直球"对决，无须做任何争辩了。强者不需要解释，因为强者根本无须认同；弱者也不用解释，因为弱者无力反驳。

后来我就变了。如果说现在的刀枪不入，是曾经的万箭穿心所练就的，那么现在的我，就是在看透了这世界的真伪后，才真的开始懂得爱这一个百毒不侵的自己。

价值，
是自己创造出来的

领多少钱，做多少事

关于价值

　　只要在职场摸爬滚打多年，你肯定听过一些流传在江湖上所谓的名言，其中，"领多少钱，做多少事"绝对是穿越年代公婆谁说都有理的金句之一。我没办法说这句话是错的，毕竟说它占了一种逻辑上的"理直气壮"，似乎也没毛病，非常符合市场交易中所谓的公平原则——明码标价，等价交换。

　　如果员工心里都想着"老板给多少钱，我就做多少事"，结果老板心里也想着"员工做多少事，我就给多少钱"，那么，你想在这样"鸡生蛋，蛋生鸡"的死胡同里寻找价值，那就是天方夜谭。

○ 人生的智慧，从来都不是简单的数学公式

过去，我曾有一个90后的设计助理妹妹，她的作风就是"领多少钱，做多少事"，秉持着"上班准时到，下班准时走"的原则，雷打不动。下午，每当时间一到五点五十九分，她就开始倒计时收东西，秒针准点到六点就后退办公椅站起来。她贯彻执行这原则之精准，比干她的设计工作还优秀。

她说这就叫作"市场等价交换理论"。也许这样的说法能让很多人沉浸于当下这种精打细算的自我满足，但肯定不适用于现实中的"职场生存法则"。

试想，员工都用打工的心态在做事，只想赶快把事情做完，而非把事情做好，对老板而言，手上若有更好的项目和机会，肯定是优先给更主动更积极并且愿意为公司打拼的人去做，而这样的人老板也会更乐意去精心培养。

我们可以从一件事情，来看清楚三种价值思维。

· 员工角度的"打工思维"

每天朝九晚五，风雨无阻，上班应对打卡制，下班应对责任制，付出与回报不成正比……如果你认为努力只是为了让老板离财富自由的目标近一点，为何要这么努力？更别说遇上同工不同酬的情况了。如果干多干少到最后领的钱都一样，又何

必要把自己搞得这么累？

有"打工思维"是人之常情，毕竟公司、单位的水太深，所以你才会想要浑水摸鱼。

·老板角度的"老板思维"

拿多少钱做多少事虽然是合理的，但谁工作认真、谁值得信赖、谁在浑水摸鱼，老板一清二楚。先撇除管理层面的琐碎事不提，职位升迁或奖金之类的好事，肯定是不会考虑你的了。甚至在同工同酬的状态下，如果有人比你更优秀，老板绝对会毫不犹豫就换掉你。

·价值角度的"精英思维"

选择拥抱社会现实的残酷，先积累能力、承担责任、交付业绩，想办法展示自己的稀缺性、不可替代的价值，才可能在未来获得更广阔的发展空间。反正即便是打工，钱是目的，也是结果。如果能更好地达到目的，多做一些工作为什么不可以呢？

先积累自己的资本，长了本事，还怕没钱吗？

不管是"给多少钱，做多少事"，还是"做多少事，给多少钱"，谁都有谁的理。这不是什么社会事实，只是角色不同，以利益说话而已。

然而，人对于自己从来没有经历过的事，往往缺乏信任。

你一直认为"不计较眼前利益""吃亏是福"是最真实的毒鸡汤,殊不知,一个人,有时受到真正的伤害在于知道得太多,所以真正毒死他的不是鸡汤,而是认知。

○ 不是"等价交换"而是"超值交换"

·"薪水 ≠ 工作价值和未来"

现实告诉我们的价值定律从来就不是"等价交换",而是"超值交换"。一个人的收入和职位的价码,除了专业,还有多余的价值。那些生存智慧、情商态度、忠诚等都不是用简单的"等价交换"来作为衡量金钱的价值标准,所以公司买你的时间和买你的能力,是两个价位。

我们在职场上走的每一步,都要承担相应的后果。

钱往往是由能力来决定的,而能力则需要经由事情来磨炼。如果不多做事,就无法有机会超越他人;若只期待表现自己,也无法锻炼出自己更强的能力。如此一来,成长放缓,你便难以胜任更重要的角色。

你可能对得起当下拿的钱,却也牺牲了未来的自己,结果越计较眼前的利益和输赢,输掉的可能就是未来万里江山的气魄。

你可以当个愤世嫉俗的员工,也可以当一个乘风破浪的精英，就看你是选择要做被现实践踏的那一个，还是要做通过努力征服现实的那一位。

总而言之，不管你是普通员工还是精英骨干，给薪酬的终究是老板。身为老板，别太指望员工能够完全站在自己的角度去思考；作为员工，也别太寄望老板能用打工思维来看待你的工作能力和表现。大家的钱都是钱，谁都没有这么伟大，从某种程度而言，一切都是价值交换。你要么忍，要么狠，要么滚！

○ 职场本质就是博弈

劳资双方都希望对方先付出，然后才给予对方回报。偶尔换位思考一下，如果还是想不通，不如就自己创业当一回老板。成功了，你就会知道多余价值有多重要；失败了，你会更明白多余价值有多可贵。

当然，在考虑要不要"拿多少钱就做多少事"之前，也要看自己有没有成长的空间和可能。毕竟在有些职场环境你多做了也不一定有正向反馈。因此，除了要让自己有所成长，还要通过历练为自己跳槽去下一个地方攒够资本。

假设你的梦想是追求平稳安定的日子，工作只是求生存讨口饭吃，没有太多野心，也从未想过争个一官半职或过上大富大贵的生活，那么这篇文章，就当走过路过翻过看过就算了吧。毕竟"三观"是用来约束自己不是用来改变别人的。人生价值千百种，真的不见得只有拥有名望、财富或当上老总才是最正确的。

职场本质如博弈，当你把焦点放在薪酬上，别忘了唯有自身价值才值钱，别忘了"挣钱是你追着钱跑，值钱是钱追着你跑"，更别忘了——价值都是自己创造出来的。

前三分钟
"第一印象"定成败

面试不败指南

关于面试

　　我记得那天下午，下着滂沱大雨，午休过后，要与HR安排的面试者进行一次会面。面试者叫……就暂且先称他为"咆哮哥"吧。一开始，就在咆哮哥作了一段非常简短而又尴尬的自我介绍之后，我问了他三个问题：

　　"有作品集吗？"

　　"没有……"

　　"网页设计会写Code（代码）吗？"

　　"不会……"

"UI / UX（用户界面和用户体验）设计包括前端工程吗？"

"不知道……"

得到的都是简短且否定的回答后，我点了一下头，问："这么说，你做的算是纯视觉……平面设计了？"

就在此时，咆哮哥突然情绪失控，大掌往桌上一拍，顺势用力站起，会议室的办公椅"啪"的一声倒在地上。

"不会Coding怎么了？！学历高了不起呀！"（你又知道我学历？）

"你们要会写Code的，干嘛不找会Coding的？！"（喂，是你自己来面试资深网页设计师的职位……）

"你为什么有刺青？！"（什么？我身上的小狗刺青也惹到你了？）

"有刺青了不起吗？！你是混哪里的？我混菲律宾的！"（我混……）

"我什么都不会……不会又怎么啦？！"（他就这样一直重复骂着……）

我开始默默地收着面试资料，并把笔记本盖上，最后定睛看着他，说："没想怎么样，但是面试结束了，你可以离开了。"

说这句话时，我真的没想要挑衅他什么，但可能是我的眼神不小心露出了一些冷意和不屑，果然把他给激怒了。

咆哮哥作势要往我这边冲来，同事立马把我向后拉。那一刻，我脾气上来了，用眼神死盯着他，然后轻轻侧头对他说道："先生，差不多就够了，不要打扰到其他人工作。现在，请你，离开！"

这时，人高马大的管理总监敲门进来，与咆哮哥发生了对峙，而管理中心也同步报了警。咆哮哥依然不断怒吼着，还用肩膀撞击着管理总监的身体，一副要挑事的样子。

"我就是来'踢馆'的！""不然你们想怎样？！""你们学历高了不起呀！"（现在还有人用"踢馆"这个词？）

不到十分钟，警察就来到了公司前台，结果连开口问"发生什么事了"都还没来得及，只见咆哮哥突然转身往安全门方向冲去，留下一脸错愕的我们和不清楚状况的警察，那画面实在滑稽至极。

随后，总经理抵达会议室后询问情况，并问我是否需要向对方索取精神赔偿，等等。唉，这咆哮哥的精神也太不稳定了吧，难道现代人的精神压力已经大成这样了吗？

之所以拿这么一个极端的面试案例放在本篇作为开场，真正想要强调的是"第一印象"的重要性。因为他一开口的自我介绍是这样的："那个……那个……我……我叫×××，来……来……来面试……面试……网页设计。之……之前做的是跟博弈……博弈……也是游戏相关的……"

他好不容易吞吞吐吐地讲完一句话，而面试官（也就是我）心中早已想着"Next，下一位，谢谢"了。

○ 第一印象已决定成败

20世纪70年代初期，美国心理学家阿尔伯特·麦拉宾提出麦拉宾法则，他通过科学研究证实，我们对别人的第一印象，有50%以上是靠"外在所接收到的信息"而决定的。拥有从第一印象到观察细节，进而洞察人心这般本事的最具代表性的人物肯定就是神探福尔摩斯了！而本人身为一个资深福尔摩斯迷，就特别迷恋他能读懂对方所有信息的能力。

事实证明，我们身上的很多信息都是在给人直觉下的第一印象时就留下的。那些表象下看似不能作为依据的细节，如指甲、衣袖、靴子、裤子的膝盖部位、食指和拇指上的老茧、表情、衬衫袖口等，全都是福尔摩斯拿来结合自己的逻辑与知识来揭开谜底的关键证据。这也是所谓的"初始效应"，譬如，人们在学习一连串有序列关系的项目的过程中，通常较容易记得那些最初学习到的事物。

假如一个拥有优秀学历、经历背景的应聘者，在面试时因为紧张而显得特别畏缩、不自信，甚至无法与面试官有眼神上的交流，不停地扭动身体、抖脚，或直盯着自己手上的资料看，他给人的第一印象肯定不会太好。因为光是这些肢体语言，就会呈现出一个人的"焦虑不安"，而给面试官的直观感受肯定就是对方抗压性不足，更别说如果他应聘的是一个高级管理职位了。抗压力如此上不了台面，又何以能成为大将之才？

要知道，通常来说，能接到面试通知，便说明至少你的资历和能力已经在一定程度上获得了应聘公司的认可。所以，倘若眼前这份工作是你能力所及且极力争取的，那么，从接到面试通知的那一刻起，大家比的就是第一印象——成败就取决于谁的第一眼缘跟面试官最对味。所以，一定要争取给人留下最好的第一印象。除非你对自己的"误会"很深，太过自以为是，还端起架子展现高调，既高估自己的能力，又低估职位的要求；又或者你天赋异禀，或拥有强而有力的后台……

这真的是我多年"被面试"及作为面试官所获得的最深刻的体悟。

○ 如何博得好的第一印象

·外表：注重仪表是最基本的

仪表不等于外表，注重仪表也不是在说美丑，而是整个人散发出的气质表现，这是最为直观的形象判断。

一个懂得注重仪表的人，能获得自爱、修养好和有个性的评价；反之，若蓬头垢面、衣衫不整，就与懒惰、穷困脱不了关系了。初始效应就是那么残酷。注重仪表是最基本的，这里就不多花时间赘述了。

·说话：自然不造作的举止及落落大方的态度

不必自抬身价，也不用贬低别人，无须过度点缀或包装自己，从容面对所有问题，不卑不亢。

讲话一定要大声一点，但不要太过高亢。讲话声音太小，容易让人感觉你畏缩、没自信。能够把话说出来，才会给人有自信的感觉。

当面试官问问题时，千万不要只回答"嗯""对""是"，要多主动表达自己对于问题的观点和想法，继而说出一些对方没有提到的东西，可以借由话题延伸到自己身上拥有的其他特点或经历，让面试官对你感到好奇，从而与你开始下一个话题的探讨。

但是，也并不是要你滔滔不绝，而是要让面试官对你感兴趣，主动想跟你多聊一点！

记住，频率很重要！他们要的是能够跟自己一起工作的人，而不是无法沟通的人。

· 笑容：记得要笑

这应该不用说，面试时，最简单又有效的武器肯定就是笑容了。

一见面就满面春风，主动问候打招呼，相信我，任何人遇到态度亲切的人都会直觉性地在内心先给他偷偷加分。相反，一张扑克脸是绝对不会让人有好印象的。

· 真诚：一定要真诚

要相信自己，目光坚定，这样一来，给人的印象便是：你要实力我有实力，你要信念我有信念。因为强大的诚意可以带来巨大的力量，一个人即使拙于言辞，也还是有机会能让对方感受到你想得到这份工作的渴望的。

其实，网络上有太多各式各样的面试攻略教学，我肯定没有它们说得好，但大家不要质疑"外表""说话""笑容""真诚"这四点的用处。人们都说求职百态，多年来做面试官的经验使我明白，每一个职位的背后都会有着诸多的考量，这些考量与企业业务现况及企业文化有着很大的关系。

毕竟面试这回事，说到底也讲求"缘分"二字。经验告诉我，作为面试官，有时候尽管这个求职者的履历完全符合我的要求，明明是在理性的考量下而聘用求职者的，最后往往还是可能会被在这样的理性下做出的选择给"打脸"。

被"打脸"的次数多了，在面试时，我渐渐形成一种叫作"根据过去经验的直觉"来判断这是不是自己想要的人。面试的时候"频率"很重要，有没有"眼缘"也很重要。而这大都是第一印象带给我们的，正如同福尔摩斯破案一样，这个人所有的蛛丝马迹，都会在他身上出现。

当然，事情从来就没有万分的绝对。这世界本来就有许多的不公平，就算我们全心全意准备去面试，别人也未必会照单全收。我也并非完美之人，纵使自己过去有着诸多"不败纪录"，但也不想在这里说教。虽然我无法完全解答每个人的困扰与烦恼，但我娓娓道来的，都希望竭尽所能让大家在茫茫然的求职路上能尽量走得更坚定一点。

无论是面试还是其他的人生大事，我都特别坚信这一点，即做到彻底坦率、温暖真诚，才会使你立于不败之地。

辑 四

岔路上

给走在梦想的路上
需要勇气的你

未来没有形状，当下就是梦想

"Alt+F4"，我仍在战斗，不能退出登录啊

关于迷茫

后辈们常和我聊天，他们总是彷徨，也很迷茫："是不是每个人都有梦想？为什么我不知道自己想要什么？"同时他们也表示："不是所有人都和木木你一样，一直都清楚知道自己想要的是什么……"

其实每个人在二十出头时都会迷茫，这是正常的，毕竟谁的青春不迷茫？我就是那个没有梦想的人，也很少想未来之事，我一直专注的是当下。

从小就古灵精怪的我，初中就被送到私立寄宿女校念书，

那里的姐妹们都有着不错的家庭背景，而家里也都早早为她们定下了出国留学的计划。当大家聊着国外的生活时，我不禁也梦想起和姐妹们一起去国外留学。

当年，我父亲的事业正值高峰，兴许是感受到了女儿正在做梦，偶尔会在和我母亲的谈话中，掺杂一些让我以为自己会出国念书的信号，就这样在我的心中埋下了一颗叫作"我会出国念书"的种子。

怎料我升上高中后，爸妈一点动静都没有，难道之前透露出的信号有误？难不成他们的教育计划是从大学才开始？那时，好多同学都去温哥华了，而我人还在台北市。

大考结束，我上了自己心中第一志愿的大学。姐妹们都在世界各地了，我心中那团火苗却被"懂事"这两个字给捻熄了，毕竟父亲赚钱也辛苦，我琢磨着也是可以等到读研究生再去的。没想到，父母这时明确表示："早就给你留好一笔钱，让你去国外念研究生了！"看来，我的未来真的不是梦。

怎料，大学快毕业之际，可能是出了什么事，父母一直没再和我提出国的事，反而问起我"未来的就业计划"……咦？说好的出国念书呢？

我的失落感可想而知。从初中起，我就以为自己高中会出国念书，到了高中以为大学才会展翅，结果上了大学决定等读研究生再高飞，怎料……还没起飞就直接叙机！本来，"出国看世界"一直是我年轻时最大的梦想，造梦、筑梦都有了，少了逐梦，何来圆梦？

在那段岁月的"追梦日记"中的每一篇文章，字里行间都是我满满的信誓旦旦，那口吻、那语气、那决绝、那执着、那坚持、那热血……且不嘲笑这些文字写得有多搞笑了，光看那些"自己的梦自己追""管他的，豁出去了""大不了去贷款"的洒脱，我简直就是"能飞的时候，绝不放弃飞"的追梦代表呀。

当时我只告诉自己，如果非得要出去这么一趟才甘心的话，就不要犹豫了！去！我发誓回来就好好生活、好好工作、好好还钱！也是从那一刻起，我就再也没有其他遥远的梦想，也从来没想过未来的事了。

因为从前的留学梦并不掌控在自己的手上，而是建立在依赖父母的前提之下，所以直到我决定开始要为自己战斗的那一刻，才是真正开始在做梦，而且是醒着做梦。

后来我就在想，也许是因为一直以来我的动力都不是走在"为自己而活"这条鸡汤式的路上，而是走在"为自己战斗"这种热血式的途中，我才总说自己"没有梦想"，因为我走的每一步就是在创造未来，而我的未来，就是淋漓尽致地做好每件事情的当下。所以，我从不追逐梦想，我只追逐现实。我的现实人生就在我的脚下，我的梦想就在我的脚下。

○ 未来没有形状，当下就是梦想

大家有没有发现，小时候的我们无法拥有什么，却知道自己长大后想要的是什么；反倒长大了，明明有能力去拥有些什么，却搞不清楚自己究竟想要的是什么了。结果，最后往往都是先预设未来的立场，再来为现在的自己找对未来有帮助的路来走。

难怪"梦想"这个词在我看来特别搞笑——以"梦"开头，以"想"结束。与其冠冕堂皇地套上"梦想"这个词，还不如直接去闯，这样还更能掌握未来。要知道，"因为当医生有前途，所以我要当医生"和"我想救死扶伤，所以要当医生"这两句话是完全不一样的。

若你的目的是要拥有美好的前途，那真的就不需要用"医生"来当作自己的梦想了，它充其量也只是方法之一，况且，谁不想有美好的前途呢？

所以呀，年轻的你不知道自己想要什么很正常，因为知道现在要做什么才比较重要。这世界上，有人清楚自己的目标是什么，就有人不确定自己想要的是什么。先弄清楚自己的初衷，先找到自己想要的，有了喜欢做的事情，又何必执着于目的呢？太多人就是本末倒置了，才会一事无成，才总会见异思迁。

年轻的你，需要的是"相信自己的相信"，去做就对了，没那么多的"可是"；年轻的你，需要的是"坚持自己的坚持"，一直做就对了，没那么多的"但是"。

只要你向前一直走、一直走、一直走……脚步就会带你走到一个方向，那个方向就叫"未来"。

那个"目的"，令在这一路向前的过程中逐渐茁壮。只要你认真地走下去，"不知道要什么"的轮廓就会逐渐清晰；只要你奋力地走下去，在"不知道要什么"的过程中就会开始有机会，你就会在不知不觉中走出了"空想"，那就是所谓的"未来"。最后你会发现，信念都是能复制的。想要成功，就只有走"坚持"这一条路。

相信我，自己的人生就要靠自己战斗。你心中若是有想做的事情，请务必立刻行动起来——Just do it！不管前方的道路多么不明朗，若你有一种努力的决心，若你拥有那坚持到底的决心，所有血汗就不会白流。

迷茫是必然的，无措也是正常的，谁都需要安全感。"未来"若是够明确，那就不叫"未来"了，而是叫"现在"。你也只能透过"现在"才能确定"未来"，不是吗？梦在远方、路在脚下。与其担心未来，不如好好在当下努力。在"未来"的这条路上，绝对只有努力奋斗才能给自己最大的安全感。

也只有经历过这种心情，到未来的某一天，你回头看看自己以前写的日记，才会跟我一样想抱抱那个当年的自己，对她说一声："真的很谢谢你！真的辛苦你了！谢谢你一直坚持下去！"

感谢当时的自己，让现在的我更坚定地相信——人所能拥有最后的自由，就是我可以决定自己的态度。

我相信，风会记得来时的痕迹，答案就交给时间去寻觅吧，岁月只会改变那些原本就不坚定的东西。人生这条路，就是要为自己战斗啊！"Alt+F4"，我仍在战斗，不能退出登录啊！

不先弄脏手，
什么都不会改变

想拿ACE，也得有“梭哈”的勇气啊

关于勇气

这是一个有关"抹布很无辜"的故事。

念初中时，我每学期班级都会轮值去打扫学校的餐厅，但自从有一次摸到像腐尸般的发霉臭抹布后，那一股阴魂不散的霉臭味，就成了我始终无法抹去的童年梦魇，说这是一种"精神创伤"也毫不为过。

只记得，当时若不幸被分配到擦拭餐桌的任务，我会只用两根手指头夹着抹布，以神龙摆尾的方式赶紧把事情完成。别问我当时有没有把桌子擦干净，谁还管它有没有干净啊，我只

想我的手别留一股臭味啊!

十八岁,我到雇用大量工读生的外企工作。"菜鸟新人"通常都会被分派做一些杂务琐事,如清洁、打扫、倒垃圾,甚至站在路边当三明治"活人广告"。只要这些工作不需要动头脑,哪怕流的汗最多,我肯定责无旁贷。

那时候,我就有种体悟——若是想要在百人工读生中脱颖而出,就要足够积极、足够卖力、足够灵活。这时候想展现自己不怕累、能吃苦的模样,就得将双袖卷起,伸出手来好好干活。主动拖地扫地、抢着倒垃圾,就连擦桌子我都会把它擦出大理石的亮度来。此时此刻,我根本不会想到抹布臭不臭,大手直接抓,一抓一个不吱声。难不成这时候你还想着用两根手指夹着抹布擦桌子?结果是那桌子肯定油到发亮,就等着挨骂吧。反正想把活干好,不弄脏手是不可能的,臭就臭吧,大不了下班把两只手泡在香水里!

○ 做得了脏活,才会堆积最大能力

长大后,真正闯进了江湖,兴许是得益于从小就有的这种体悟,所以"把手弄脏"在我看来早已不是一种能力值的展现,而是一种精神体现了。如果没有这种精神,很多事情都只会飘浮在半空,无法落地;如果没有这种精神,想法最终就只能是想法，永远不会有实现的那一天。

这时候你尽可以仔细观察：这是一个了解每个项目的细节，才做出所有决策判断的老板吗？这是一个习惯听下属的二手分析报告，还是亲自接触一手资料的主管呢？老板在创业时，会埋头去做所有鸡毛蒜皮的事吗？是不是他在人力不足时，也愿意亲力亲为去做那些低级工作？是不是不了解执行细节，所以这个老板常做出让所有业务员与后端工作人员执行困难的决策，而自己还浑然不觉？是不是连周例会报告用的资料和简报都要指使下属替他们做好数字统计和总结，也不以为意？他是不是觉得创业中那些鸡毛蒜皮的事是员工做的，自己要去做格局更大的事？还是从来没把自己当成所谓人力的一部分，反而认为其他人应该为他做更多事？

从无到有将品牌建立起来，我协助过许多新创团队，也因此遇到很多人，他们不想做小事，只想做大事，不想做手边事，只想做天边事。我通常都只问这些人一句："如果你连抹布都不想拿一下，要怎么经营一家清洁公司？"

逼自己弄脏手最好的方法就是"与问题共存"，真正的脏活，往往从"发现问题"和"解决问题"开始。

有一句话是"没有调查，就没有发言权"，所谓的"田野调查"，可能是泥巴地，也可能是沼泽地，重点在于你唯有踩下去，才能知道深浅，才能感觉到温度，才能直观地发现问题，进而去解决它。

当手从袖子中伸出来，亲自去触摸、揉捏、摩擦，就能增强我们的所有感知，这时候才会刺激大脑的创造力。这样做着做着，想法就来了，思路就出现了，计划就会调整和修改了。

真的不要怕"弄脏手"，而是要身体力行。很多人的创业想法都很好，但其实有很多事情会跟你想的不一样，甚至南辕北辙。要知道，在每一次"弄脏手"的过程中你都会获得知识、技能、能力上的提升。

把"肮脏"比作危机与问题，就有如世界本来就不干净，而你所处的环境也一直都存在脏污，既然一直都是脏的，那就代表问题一直存在，这时需要的是与之共存。

毕竟对不同人而言，"弄脏手"在不同的状态下的意思不尽相同。有些人认为的"弄脏手"，是指愿意挽起袖子亲力亲为；有些人以为的"弄脏手"，是为达成目的不惜放弃原则和底线之举……

千万别误会了，我在这里说的是"弄脏手"，而不是让你"变黑手"。若不坚持做事做人的原则和底线，那分明就是打着"为了成功"之名，往"成功"头上扣屎盆子。要是你想拿王牌，就要有"梭哈"的勇气，不是让你为了拿王牌就可以有

"不是人"的主意。

总而言之，就像大家所说的——"最清晰的脚印总是留在最泥泞的路上"，很多事情我们只有亲身经历才会有深刻体悟。你要相信自己既然都做得了脏活，就没有不可做之事，也只有使出了洪荒之力，才能成就不凡之事业。

"德不配位"，
能力再强都一样

你需要的不是骨气而是底气

关于累积

那一年，她初出茅庐，便有幸得到想要在事业上大刀阔斧、大胆创新的伯乐赏识，因而空降至百人企业，而被任命为核心高层一职。

这时，大家脑海里应该已经有了一些关于她的故事的轮廓吧，剧本通常都会是这样演的。

当一个企业发生了空降高层的情况，不外乎就是因为股权上的变动，或决策上的大整改。这时候企业的组织结构也有可能出现大变动，即将裁员、合并，或有新的团队入驻。当她还一派天真地准备在职场大展身手、期待认识更多志同道合的伙伴时，迎接她的却是办公室里惴惴不安、人心惶惶的氛围，还有特别不友善的眼神。

其实她多少也能猜到，一定会有很多员工心里百般不是滋味，毕竟她是那种"资历与岁数都无法让人服气"的空降角色，而且还是一个年轻女生。那些资深员工表现得就像要吃掉她一样，在会议上极尽言语挑衅之能事。

当时，她的人生里程是全新篇章，她对自己的未来充满期待，抱着初生牛犊不怕虎的精神，满脑子想的就是如何证明自己。

为了让自己看起来更强大、更专业、更成熟，她每天上班都特别"武装"一下自己，从一个背着大包的美式街头妹子，摇身变成一个长发过腰、妆容利落、踩着恨天高、拿着机车包的干练女人。

对她而言，每天都是一趟充满挑战的高压旅程，每天都竭尽全力地维持着最理想的状态与模样，以此来面对那些百般刁难、不合作、唱反调的同事们。

在当时，台湾新创产业尚未蓬勃发展，一般传统的企业很少会愿意用新创人才担任高层主管。她很清楚大家在想什么，然而年轻人的通病总是"想得到认同"，她花了十二万分的努力去弥补自己的不足，无论是网页程序语言、前后端工程、UIUX

设计、媒体广告投放，还是动画特效剪接等，各种软硬件工作无不涉猎，就为了能够在工作时或会议中，自己能从容应对每个人的各种找茬。

讽刺的是，后来她不但在自己所涉猎的领域获了奖，还获得大量讲座主办方的邀约，甚至还开了专栏……貌似无心插柳的努力全成了"荫"。然而，为什么当时的她还是倍感无力呢？为什么还是毫无成就感呢？有意栽的花是不盛开了？还是栽错了呢？那是一种用尽全力击打在海绵上的感觉……

过了很多年后她才明白，纵使大家都明白职场就是一个以能力和结果论英雄的地方，但在我们的社会里，有些刻板的印象还是成为一定的社会真实的。人们总是习惯将认知简化，尤其对于新人新事，往往在还没有与对方真正深入交往就先入为主，用最简单、最粗暴的方法去对其进行评价。

用自己的性别价值观评判对方——一个小女生，能懂什么计算机网络？

用自己的经历低估别人的能力或努力——这么年轻，到底行不行呀？

用恶意的揣测进行归因——长得漂亮，是靠颜值升职的吧？

无论是谁扮演了这个角色，都会对这些人的以偏概全感到难过和委屈，他唯一能做的就是替自己挣更多的"底气"，因为只要有了足够多的底气，别人自然就会服气。

什么是底气？难道尽力就是底气？但是尽力了没成绩、没使上力，人照样很泄气。有能力就是底气？但是只要太年轻，经验不足，依然会让你底气不足。家里有钱就是底气？但底气是家里的，不是你自己的，随时有断掉之虞。自己有钱就是底气？但只要金钱没有一直持续入袋，就会被认为是侥幸，很快就会归零。

一个真正有底气的人，会散发出一股莫名的气场，那是由内而外散发出的能量。那股"气"，并非财大气粗的"气"，因为站在"理"字前面。有钱不代表就能理直气壮，只不过是利用金钱虚张声势，而没了钱，就什么都不是了。所以，这种"气"并非底气，是自大的傲气。

底气不用靠任何外在因素去包装，底气就是实力的外在表现。它不会说有就有，需要你刻苦努力，长时间积累阅历。它是"集大成"带来的智慧，继而散发出的气质。因此，只有有实力才能有底气，而有了底气就会有气场。

真正的底气需要时间的淬炼与积累，真正的底气需要用经验熬煮出来。

钢琴神童，小时候也只是神童，如果长大成不了郎朗的话，那么别人对他的评价顶多就是"以前是神童，长大后就是一个小时候很会弹钢琴的人"而已。

能力就如海绵里的水，你不去用力挤压，它是绝对流不出来的。因此，当时的她，需要的是更多的底气。

因为坐上那个高度的位置，就要有那个位置该有的深度。这无关能力与努力。少了熬煮的过程，再好的药材其药效都一定会大打折扣，甚至毫无作用！

只有通过时间沉淀，把经验、知识、思维不断地重构，格局才会慢慢地有所不同。毕竟一个人的视野决定了其思想，视野越广阔，思想就越深邃，而他所拥有的能量也就越高级，这才是真正的底气。

原来，只要"德不配位"，能力再强都一样。因为不是你说的话没有分量，而是你自己说话没有分量；不是你不努力，而是你再怎么努力都会显得中气不足。

○ 这条路上，只有奋斗才能给你安全感

人在茁壮成长的过程中，不管是不是能力超群，是不是成绩出众，都免不了会因为一些社会现实而被质疑，或者不被相信。这时候你不需要为了证明自己去改变脚步，更不需要一直怨天尤人，因为这一切都于事无补。

你唯一能做的，就是把你的角色该做好的事都力所能及地

做到最好，并且放下对别人认可的需求，也不要计较什么付出与回报。

所有故事都告诉我们，每个为了得到他人认同而要付出的代价，都远比你想象中的还要高。把事情做好，不是为了给人看，而是为了让自己变得更强，因为你是在为自己而努力。你现在尽了多少力、付出了多少心血、流了多少汗水，这些累积永远都是你自己的。余下的，就是你要相信自己，时间会给你答案。

要知道，无论经历怎样的事件淬炼，你的历练和能力都会默默替你"背书"，久而久之，你的底气就会在这不停的累积中显现出来。而这股底气，会是一种心里踏实的感觉、一种从容自若的淡定。

等到那个时候，你不再需要武装自己，也不再需要穿高跟鞋，你就算貌不惊人，聊起专业也能瞬间"入魂"，而别人也会对你肃然起敬。因为只要有真正的底气，气场就自然会围绕你而行。倘若你还能继续坚守着年轻时那份志在必得的初心、那份想要改变世界的决心，这时候再拿出你的底气，做起你的大事，这才叫作真骨气！

能得偿所愿的
都不是人生

理想是有实力的人才能谈的现实

关于信念

那一夜大学同学聚会，我们在客厅喝着啤酒，突然有感聊起了整个产业大环境的事，大伙的情绪顿时汹涌澎湃。

我们说着那些影视圈仍然存在的不成文规矩，还有在各自领域内所有人都必须遵守的规则、有线电视与OTT平台（某电商平台）之间的策略，以及在行业出现的恶性竞争等。

在影视圈摸爬滚打多年的资深编剧小龟对在一线拍戏的资深摄像师老李说：

"老李！现在就是我们了！"

"现在已经到我们这一代了！"

"晚辈们正在看着我们啊！"

"难道还是这样吗？难道还是无能为力吗？！"

手上这杯酒越喝越沉了。是呀，当初的梦想都实现了吗？那些看不惯的现实已改变了吗？你能扛得起晚辈的希冀吗？你努力不让自己成为自己都会讨厌的大人了吗？

纵使不想面对，但我们终究还是成了那些二十出头的年轻人嘴里的"大人"，到了该拿出实力和本事让情怀落地的时候了……

可能是背景的原因，我在工作与生活圈中接触、深交了大多是职场人。特别讽刺的是，无论是影视娱乐媒体业还是体育艺术文化圈，你都不难从这些人身上感受到他们对大环境（产业）的爱与恨、对内容质感（专业）要求的执着与放手，似乎大家总在理想和现实之间挣扎与奋斗着。

这让我想起作家蔡康永在《宝宝日记》里那句令我刻骨铭心的话："做电影，往往是在看自己可以坚持到什么时候；做电视，往往就是在看自己可以放弃到什么时候。"

以前只觉得蔡康永的文字写得好，现在我觉得他这些话也一点都没毛病，简直说得太通透了。

听了太多、看了太多，最后只剩下声声叹息。毕竟太多的圈子都如此，从过去到现在一直都没多大改变；有多少人因为

"一直都这样"的传统做法，明知道该改变却听之任之；又有多少人在"一直都这样"的"前朝遗毒"下感到心力交瘁，最后慢慢地也成了"一直都这样"的"前朝人"……

酒继续一杯一杯地干，写过几部知名戏剧、曾被提名金钟奖的小龟特别有感触：

"十几年的编剧生涯，既存不了钱，也买不了车，我不知道自己留下了什么……"

"前几天，前辈对我说想知道年轻人的想法，我是没有存在感吗……"

"整个产业不还是需要靠政府补助死撑着……"

这是个听起来挺悲伤的故事，但，能轻易得偿所愿的，都不是人生。

○ 信念，就是人最有力量的种子

人们说"一个人真有种"，意思就是这人有胆识、有志气。那到底什么是人心最有力量的"种子"呢？是什么让我们产生动力去追求，不达目的誓不罢休呢？我想就是信念吧。只是身处于现代的职场江湖，跟人一讲信念似乎特别可笑。

我们都知道，这个世界没有什么公平可言，但就算"命运"这两个字是用来打击人的，生而为人的我们至少保留了"偏执"

的权利——可以为了改变而努力。混社会久了，我也逐渐明白了一个现实的道理：想要坚持信念，就得先付出极大的努力，拥有相对的实力。

因此，力争上游是为了让自己成为一个拥有选择权的人，成为拥有能选择"坚定信念"这个筹码的人，成为拥有自我的原则和底线的人。因为我知道，理想是那些有实力的人才能谈的。

至于信念，它小可以小到一个坚持、一个态度、一个原则；大则可以大到改变整个环境乱象、陋习文化等。

不管是去改变那些以前我们口中讨厌的、现实的、肮脏的、屈辱的、不舒服的状况，还是改革那些"一直都这样，却不见得是对的事"，甚至是扭转那些一直被传统绑架的做事方法、观念、制度……这一切对于我而言，就是一个驱使我坚持"绝对不要变成从前我所讨厌的那个大人"的信念。

这个信念，会让我在灰心丧气时，脑海里响起一个声音："你在做对的事，所以没关系，这是信念！"它会让我在做选择时，脑海里响起一个声音："你要做对的事，所以不要怕，这是信念！"

如果"一直都是这样做"不见得就是对的，那你是拿起武器对抗，还是选择弃械投降？如果"前朝遗毒今朝衰"，那你是为改变它而努力，还是直接向现实妥协？如果做不到事事、步步都到位，那你是否也能问心无愧？大家是否曾想过，如果每个人都尽力做对的事，整个环境还会无法被改变吗？

偏偏可笑的是，当我们慢慢成为有能力的人，很多人对信念却似乎没那么执着了。难道是因为我们走了太远，忘了为何出发吗？还是根本没有努力过，就直接放弃了？我想多半是因为我们觉得，人生在世，草木一秋，又何必把自己搞得这么累呢⋯⋯

很多人就这样在时光的洪流里，任现实对当年的自己悄无声息地打了一巴掌，因为自己终究还是成了一个没了志气的大人。这么做其实没什么对错，人生本是一场混沌，当下就是选择。

只是，你怎么好意思回过头来告诉那个年少的你："抱歉，我最终还是向生活妥协了！"

虽然，我们都知道很多人都是被时代改变的，只有极少数的人是可以改变时代的，但是那一句——"起初我想拯救世界，后来我只努力改变自己，因为我发现它们是同一件事"——我依然将它奉为我生命中的真理。

在这个到处充满怀疑的时代，想要保护自己曾经有过的理想和激情，本来需要的就是信念。有的时候挣得这口志气，也只是求个态度。有些人的浪漫主义是因为受过世界的摧残，但并非天真地以为自己能改变时代，只是更相信人只有在想捍卫

内心最珍贵的东西的时候，才能成为真正的强者，这才有力量
去一直战斗！

现在我只知道，当我们成为后辈眼中的那个大人时，自己
不努力变成自己理想中的人，又怎么能变成别人理想中的人
呢？所以我才没放弃，依旧很努力，因为现在就是时候——要
更努力用实力让情怀落地的时候。

无论如何，至少都要做到可以理直气壮对自己说一句："我
终于成为那个不负众望的大人了！"

你不需要很厉害才能开始，你要开始才会很厉害

跑起来，就有风

关于开始

  H在某大型外企有着一份非常稳定的行政工作，只是自从与某位高管多年的办公室恋情结束后，他的事业就一直处于不上不下的状态。苦于无升职加薪机会的他，郁郁寡欢，于是生起了跳出这个舒适圈的念头。

  我当时对他说："外面的世界很辛苦的，你真的想清楚了吗？"

  这个而立之年的男人这样回答我："我不怕苦，也很愿意学，我就想出去闯一闯，靠自己打拼一下。"

在三十二岁那年，他还是下定决心离开了自己工作十多年的地方。之后，他搞过品牌、干过家具业、当过厨师、做过房屋中介……

就在 H 即将到四十岁生日的前三个小时，我收到他发来的信息，于是便让这一篇本来只是要来聊聊"拖延症"的文字，直接变成了一个中年男子的"哀歌"。

"唉，你周遭或朋友有没有什么工作机会？我这几年很不好过，感觉都在流浪。这把年纪投简历也都没回应……"

"怎么啦？房屋中介不做了吗？最近发生了什么事？怎么这么突然？"

"房屋中介不做了，后来一直过得不好。觉得自己一直在浪费时间，四十岁了啥都没有……"（这是大叔的落寞？）

"过生日，就不要有这种情绪啦！"（天，我是怎么祝福人家快乐的啊？！）

"我现在每天都很想哭，觉得对不起我爸妈……"（等等……看来我还是先去冰箱拿瓶啤酒，他这是要促膝长谈了？）

"别这样，我也有过低潮。你其实就是定力不足。现在又要换工作，前面的履历根本无法累积，如今也只能从餐饮服务业下手了。"（检讨过去没意义，直接找解决方案比较可靠。）

"对啊，这几年最开心的日子就是在餐厅的厨房里，谁知道它会倒闭呢？"

H一直很喜欢料理，但明明厨师证都考了，为什么下一份工作不找自己又专又精又有兴趣的，反而跑去做房屋中介呢？！

"听说××店招厨师，条件还不错，你先去看看，我也帮你跟他们老板打听打听。"于是，我截图了之前看到××店老板在社群上发布的招聘广告——"招聘厨师／料理长：起薪四万至六万元"给他。

结果，他回道："这招的是料理长，我没这么厉害啊，我连二厨都不是……"

拜托，我心里想，你干脆去搞乐器好了，这个"退堂鼓"打得倒是挺厉害的！

于是，我耐着性子说："你之前不是在104集团担任过厨师吗？我才不管二厨是什么，也不觉得104集团是要找一个很糟糕的人进去当厨师。你怀疑自己就算了，还怀疑我的常识，这就过分了吧？"

"不是！那个真的要专业！"（唉哟，想拿专业压我呀？）

"虽然它里面写了'厨师／料理长'，但你可以先去做厨师，等再厉害一些就是料理长呀。你对你自己做的东西好不好吃都没有信心，谁还会吃你做的东西？你如果找工作都是这种心态，当然找不到。"我实在忍不住了就向他"开了火"。

"厨师我可以啊，我一定可以！我对烧烤还蛮有研究的。"

"把你的自信给我拿出来！死气沉沉的，像个什么样？！"

"我知道了啦，每次都需要你帮。"

"我能帮忙一定帮。只是你不自己拉自己一把，谁都帮不了你。你要觉悟了！如果不是去寻死，要么就是烂到底，不然就让自己更好。两条路，你走哪一条？"我还是给出了建议。

"我就是受不了自己，才会找你求救。"

"所以才更要打起精神来呀！你也看过我曾经烂成什么样，那时候我不也天天喝酒？这真的不是有没有才华的问题，这也不是水平能不能的问题，而是你要不要做选择的问题。"

安慰人也是讲究技巧的，H 了解我过去的经历。虽然每个人都有自己的辛苦，没什么好比的，但在某些事实的前提下，有时候只要身边有个比自己更惨的，当事人的痛感就能缓解许多。就好比你说你失恋了，我说我刚离婚；你说你钱包掉了，我说我公司倒闭了，你肯定就不会觉得这么倒霉了。

"不是，你一直都有才华，我是真的……废！"

"你是有厨师证的人，到底哪里废？我一直跟你说要坚持，你就喜欢去乱闯。你不为你的能力'续命'，能怪谁？"

"我就想赚钱，才会去当房屋中介，结果又遇到疫情……"

"你一定要转换心态，你要想着的是变强。先变强，先变得有价值了，钱就会来，而不是一心只想着钱。没有能力哪来的钱？你一直追着钱跑，跟让钱来找你，这是两码事！"

"对啊，这就是你跟我不一样的地方。你已经突破天花板了！"（别闹了，你现在这状态，看谁都是天花板！）

"我离天花板还很远，但，至少我知道努力变强绝对没有错。"

见他沉默不语，于是，我又继续说："反正你四十岁一定会有一个好的开始。你看李安，人家也是过了四十岁才开花……请给自己一颗定心丸。只要有心，就会大器晚成！"（铁打的李安——用不烂的例子，激励不完的人心。）

"好，我来磨刀，准备出鞘。"（我就是在等他这句话！）

聊过了凌晨十二点，我把"生日快乐"的祝福送给了他，他也正式开始了自己的不惑之年。

上述对话，无论是"中年就业""累积履历""钱追你、你追钱"等，全都是老生常谈的话题。然而，你也许会觉得，H就是不够了解自己，当初就不应该离开外企。

不过，像这样"因冲动跳出舒适圈""心有余而力不足""原来没有自己想象中厉害"的人其实非常多，就看谁真的能撑过那段黑暗的日子而已，甚至眼前的这份工作，是否只是退而求其次的选择，也只有你自己才知道。

也许表面上，H当年确实不应该贸然离开，因为那时候他并没有足够的底气和能力。不过，他有开始打拼的勇气，想要跳出舒适圈这一大步，不是每个人都敢于尝试的。每个人终究还是得为自己的生计做点打算，当时我是挺替他感到骄傲的。

只是他一直追着钱跑，没去累积自己的履历，这是我后来替他觉得可惜的。不过，很多事情也只有自己经历过才会懂得。当朋友可以去指点，但不需要指指点点。

悲哀的是，经历了现实的摧残后，他反而渐渐没了"开始打拼"的勇气。就算有机会降临在他的眼前，他想的是自己还不够厉害和怀疑自己的能力。

他忘了——很多时候，很多事真的不需要很厉害才能开始，而是要先开始了，才有机会变得很厉害；有些事情，你不需要很懂得才能开始，但你一定要开始了才有机会懂得。这世上本来就没有什么最好的选择，只有选择了之后，才能做到最好。

我对他说，我不懂料理，但我认为一个厨师讲究的就是手艺。而手艺，一个人只要愿意花时间练，我不相信会做不好。其次，讲究的是一种态度，只要你真诚、认真又努力，有手艺又有态度，餐饮服务业怎么会做不好？如果机会就在眼前，哪有什么"厉害才能开始"的道理，当然是"先要敢去开始才有机会变得厉害"。

在没行动起来之前，别纠结在一些没必要的事情上。正所谓"想，都是问题；做，才会有答案；站着不动，永远都只是观众"。与其把大把精力花在纠结焦虑烦躁上，不如直接行动去找答案。如果你不知道自己要去哪儿，那么，现在你在哪里真的一点都不重要。

所以，任何时候去开始都不算晚，最差也不过是大器晚成，前提是你最起码也要有个"开始"，对吧？

反正，先别管结果了啦！你只需要知道，先跑起来，才会有风！

不是每个人
都有用力活过的代表作

热情是很珍贵的，你一定要保护好它

关于热情

你曾有过"那些年"吗？

十二岁的我们，总想着快点长大；十八岁的我们，总想着快点上大学。年少时的我们，人生追求的终极目标好像就是"考上好大学"，从来不会特别去想，大学毕业后的我们会变成什么样子。我们只知道大学生活是一切美好的开始，不必天天穿校服，不必天天早八点上课，可以自由恋爱，可以认识很多新朋友，也不会再有门禁……仿佛人生即将拥有不一样的精彩和另一种风景。

　　大学毕业之际，面对即将不再是学生的自己，准备规划未来漫漫长路时，难免会回首过去。姑且不论高中的你是否对大学有过什么憧憬，但可以肯定的是，很多人所憧憬的年轻人的未来，应该是可以为了某个目标点燃整个夏天的。

　　那么，二十岁的你，曾为自己热爱的事情努力奋斗过吗？三十岁的你，是否还对那份热血难以忘怀？如果人在年少轻狂时，用尽了全身心的力量去追逐心中的渴望，去尽情释放心中的感受，那么，能左右我们的都是"决定"，而不是"际遇"。

　　人活一辈子，如果没有一段想起来就会让自己热泪盈眶的奋斗史，真的就白活了。

　　即便这样的奋斗史，不是赚大钱、创大业这种能用金钱量化的梦想，而是任何一种曾经"很认真用力活过"的滋味，痛过、笑过、经历过，哪怕跌跌撞撞、头破血流……现在只要一想起来，嘴角仍不自觉上扬。

　　就好比一种成长仪式，像《那些年，我们一起追的女孩》才有的年少轻狂，像《初恋那件小事》丑小鸭也能变天鹅，像《我的少女时代》才会有的热血悸动；还有许多体育比赛，总有那么一个瞬间能让人情绪翻涌、眼眶湿润——那是一种不关乎国界、性别、年龄、种族的情感共鸣。

　　仿佛二十岁大声高唱"前青春期的歌"，只想着青春无敌；

三十岁低哼呢喃"后青春时的诗"，就盼能无悔青春。直到老了，回头想起青春，它就不该只是个年纪，而是一种模样。青春应有的模样就是要很用力地活，也正是因为用力活过，所以才特别让人刻骨铭心；又因为特别刻骨铭心，最终才能化为一种属于自己的无以名状的情怀。脑海里，那些记忆里的角色一直没有长大，而我们，都已长大回不去了。

现在回头看着当时我每天在"无名小站WRETCH"备份下来的网文，发现自己不仅曾经很用力地活，也曾经很用力地写——写一堆给自己加油的正能量文字，把自己感动得乱七八糟。

年轻是我们唯一拥有权利去编织梦想的时光。听了太多人说着现实不允许，说事情没你想得那么简单，等等，但是我偏不信什么理论，偏不信心有余而力不足在实现理想上面会是个障碍，因为我唯一能做的，就是不断地告诉我自己："不可能"只存在于蠢人的字典里。

我们看了那么多忠于自我、追逐梦想的励志电影，也读了那么多成功人物的传记与故事。它们千篇一律，几乎都告诉我们要奋不顾身，要坚持到底，要勇往直前，要相信自己……然而，为他们的故事流下热泪的我，难道就只甘心为他们的成功感到痛快而已吗？难道不希望自己也能去创造奇迹吗？还是，其实说白了，说了一堆理由，就是缺少了奋不顾身的勇气？

其实，我们大部分人去做生命中最重要的事，都不是经过深思熟虑才做出决定的，而是通过"不管啦，先豁出去"这种劲头，才开花结果的。毕竟，没人知道现在做的每件事未来会怎样发展。所以，这个时候就请"催眠"自己了：一是要有坚定的决心，二是要有明确的目标，三是要有超人的行动力。

于是，2007年夏天，我来到旧金山；2008年春天，我去到西雅图；2008年夏天，我人在纽约曼哈顿；2008年冬天，我在拉斯维加斯；2009年春天，我来到洛杉矶……至今我依然记得独自走在旧金山街头的第一个夜晚，也不会忘记自己疯狂到带着狗狗去留学。我真的做到了，在人生的里程碑上，写下了属于梦想的灿烂篇章！

你若问我："流浪了几年，得到了些什么？"

我会告诉你："出国前，我觉得世界是绕着自己转，现在我觉得自己跟着世界一起转。"

我看到了自己的渺小，也发现了自己充满无限的可能性；我知道自己根本没想象中那么坚强，却也学会了真正的勇敢，因为我知道要抬头前，就必须先学会低头。更重要的是，我更清楚知道自己想要的是什么，所以未来不会纠结而只会更坚定，因为让一个梦想实现需要努力，但毁灭一个人的内心追求更需要勇气。光是想想，我就已经全身冒冷汗了。如果没有那一段日子，我现在会成为什么样子？年轻时的"流浪"经历足以受用一生。

人的一生当中，总会有段日子彷徨于梦想与现实之间。那是一边想要忠于自我，寻找价值与意义，另一边又想要拥有理想、未来。有些人因为太懂，所以既想权衡利弊，又要分析利害，最后却在付出与代价之间选择了满足当下；有些人因为不懂，所以毫无畏惧、奋不顾身，最后没有被"催熟"，也没有"早熟"，于是才可以更有温度地活着。

在这里，我将自己最深刻的体会分享给大家：未来二三十年的岁月，要为了生存而努力，过着日复一日的日子，那么，如果可以，就给自己几年的时间，试着用力"玩"一场人生游戏，试着为自己的"想要"奋斗一次，试着在输得起的年纪奋力奔跑一次。

这世上不是所有人都曾经用力活过，也不是所有人都有用力活过的代表作。所以，当能飞的时候就不要放弃飞；当能做梦的时候就不要放弃做梦；当能爱的时候就不要放弃爱。正所谓"用最少的悔恨面对过去，用最少的浪费面对现在，用最多的梦想面对未来"，所以，热情是很珍贵的，请一定要珍惜。它值得，绝对值得！

　　纵使我们都眼睁睁地看着自己用青春换来教训，在悲苦交加中练就了"辣"，但，就算"辣"的本质是痛，我们也都盼望能勾勒出最动人的精彩，使之成为自己人生后半场的养分。

　　愿我们永远年轻，永远热泪盈眶，永远都有可以让自己骄傲的本钱。毕竟，现在嘴角边的这一抹微笑，是我们耗尽青春、用尽全力拼命想去证明的。不管好坏，我都会大声说："我会变成这样，都是青春赐予的！"

鱼和熊掌
不可兼得

对自己狠一点，未来就会美一点

关于心智

　　当80后、90后、00后渐渐成为职场的主力，我的社会"年资"不知不觉也跟着跨越了很多个"世代"。我发现好像每个"世代"都有这样的人，在此先统称他们为"现在的年轻人"好了，但请别对号入座。

　　现在的年轻人在有着更丰沛、更成熟的科技资源环境下成长，社会理应拥有更多的优秀人才，但是"能力""意志"在世代之间，能量强度的指数真的在快速递减。越是年轻的"世代"，其抗压力及能力越差，可是想快速获得成功与肯定的心却又特别的强，怎奈他们就是有着特别的"玻璃心"——脆弱、心智不够强，意志也薄弱。

再次强调，"现在的年轻人"不概括为所有人。

"我觉得我的未来还没开始，就已经开始枯竭了。"同事老幺是一个刚毕业的职场新人。

"再这样下去，我的热情很快就被磨光了。"二十八岁的视觉设计师小智每天哭天抢地地抱怨。（什么意思？！）

你们不是每一个人在刚进公司时，全都干劲十足，全都渴望成功，全都说要亲手打拼出不一样的未来吗？怎么才经历短暂的职场风雨洗礼，就被这点举步维艰跟彷徨感击溃了？

不甘平凡的他们，只要没在短时间尝到一点成功的滋味，就会很轻易地对眼前的一切产生怀疑，为自己付出的努力感到不值。他们一边想寻求工作的意义，一边又渴望自我价值得到认同。

从根本来看，大多时候他们的迷茫与困惑都不是意识不到问题的存在，而是意识到问题，却找不到解决问题的办法，或是没有想要去真正面对问题。

想要成功，但是又不想太辛苦；想要赚钱，但是又不想吃亏；想要红，又不想工作影响生活；想要遇上伯乐，又想靠运气——这跟想"越级打怪"没什么两样呀！

明摆着自己还不够强，又懒得开"外挂"，可偏偏都以为自己强到早已世上无双……如果每个人都可以省了练功和升级的时间，那岂不到处都是武林至尊了？！

我在他们的年纪，能力还不及他们呢。孩子呀，鱼和熊掌很难兼得。如果现在的一切都这么容易获得，那一定有人在替你承担属于你的那一份不容易，不是你的父母，就是未来的你自己。当然，你不努力也没关系，反正多的是人在打拼，他们会帮你把事情都做好了，自然也会顺便把你的钱给赚走的。

大家总说："人都有两条路要走，一条是自己必须走的，另一条是自己想走的。"我们都得先把必须走的路走得漂亮，才有机会走想走的路。然而，这一路上肯定不是只做该做的事，而是得在这个过程中拼命让自己变强，才有机会得到更好的机会。更不必说想要有好运气，那也得是机会恰好撞上了你的努力。难不成只要努力就一定会成功吗？别开玩笑了！你才摔了几次跤，就以为这是人生了？

○ 贵在坚持，难在坚持，成在坚持

世上没有不劳而获，也没有坐享其成。若想比别人出色，就要比别人用心。路好不好走，也许我们自己不能决定，但走不走这条路，却只有自己能决定。

请打起精神，让自己的心智强大些。我们要成为优秀的人势必都需要经历一段闭嘴忍耐的时光。那是一段必须付出很多努力，却得不到结果的日子。过程辛苦是必然的，人感到无助也是肯定的，我们不如称之为"扎根"。

若你觉得这样扎根的日子犹如低谷期，那也是让你用来升级的，不是让你用重置键恢复出厂设置的。

把坚持变成一种习惯。真正重要的事，用眼睛是看不见的，尤其是我们生活中一些小事。坚持真正意义上的努力，并不是让你庸碌无为去工作，失去生活。

追求的目标因人而异，一旦你觉得生活还欠你一个"满意"，那就代表你还欠生活一个"努力"。想要过上快意人生，就要活得比别人努力。你要么十分优秀，要么十分努力，不然结局好坏全部都是自找的，没有资格抱怨什么。

我们都需要一种自觉与意识，这就像有句话说："如果不时不时抽自己几个耳光，生活就会替你效劳。你不愿意在年轻时对自己狠一点，那么未来就不会对你友好。"

这个世界只属于有准备的人，正如同法国作家加缪曾说的那样："对未来最大的慷慨，是把一切献给现在。"请试着打起精神，并学着对自己狠一点，未来才会美一点！

没有人不辛苦，
只是有人不喊疼

旦说出"我已经很努力了"就是还不够努力

关于努力

那是某一个上班族最期待的周五，下班后大家如常相聚在酒吧里喝酒聊天。

"可是我已经很努力了！不然还要我怎样？！"不知道聊到什么事，S 突然崩溃大哭。

S 毕业后就在前东家待了十五个年头，经常满腹牢骚，嚷嚷着要离开，却又迟迟不走。前不久，不知在什么契机的促成下，终于做了"离开老工作，换份新差事"的重大决定。

然而刚开始接手新工作的她，似乎仍不习惯外头世界的节奏，那一天晚上，兴许只是想借着喝酒发发牢骚而已，没想到大伙都在社会上摸爬滚打很久，一个说话比一个狠。

"哦，所以了？说得就跟别人不努力一样！"

"这是工作，付出努力本来就是基本的。"

大家一边喝酒，一边一句接着一句聊，毫不客气。

"你们看起来都没有很累呀！为什么我就需要活得这么辛苦。"S继续哭道。

果不其然，这帮人得理不饶人，认准一个"嘴下不能留亡魂"。

"台上一分钟，台下十年功啊！"

"我要怎么辛苦给你看？你之所以会觉得委屈就是自己没有本事啦！"

"你又怎么知道我不累了？你以为钱这么好赚呀！"

"是不是觉得自己连狗还不如？我跟你说，狗也没有你这么累啦！"

当时，我就坐在吧台上喝着酒，竖起耳朵默默听着，偶尔回过头去插上几句话。只记得最后，S坐到吧台来，我俩小聊了一会儿。

"我知道你很努力了，但努力没什么好骄傲的，不过就是个态度罢了，不能证明什么。"

之后，S也开始对我诉苦……

我们都知道，世界很粗糙，岁月也不温柔。每个人都有自己的路要走，要么是带着故事来，要么是带着故事走……

很多人都会把所有的不顺遂怪在现实的身上。很多时候，明明是自己无能，却怪别人不配合；觉得自己每天准点上下班少请假，很认真，工作都实时做完，就叫"很努力"；只要为了一点事多加点儿班，就认为"在吃苦"。

不妨扪心自问一下，真的吃过苦吗？什么叫作"吃苦"？很多人以为"没钱"就是吃苦，事实上，穷就是穷，吃苦不是忍耐贫穷和持续贫穷的能力。很多人以为加班就是吃苦，事实上，加班就是事情没做完，吃苦跟能力和效率没关系。

事实上，一旦你说出"我已经很努力了"，那就意味着你还不够努力。

真正吃苦，应该是长时间为了某个目标而用尽全力，在这个过程中，你愿意放弃无用的娱乐，愿意放弃无效的社交，放弃休息的时间，放弃无意义的消费，愿意忍耐不去享受而选择奋斗，甚至还要耐得住不被理解的寂寞……而这背后需要的，正是强大的意志力和深度思考的能力。

所以，吃苦不仅只是"努力"，还要"拼尽全力"。而在"努力"和"拼尽全力"之间，差的就是坚持和信念。另外，你还要承担风险，因为"拼尽全力"不代表就一定会成功，"努力"不一定会换来"得到"。

若你还没付出过一万个小时的努力，又何来抱怨？若没有付出过牺牲或放弃的代价，又有何资格哭？这个世界谁不辛苦？只是有人不喊疼罢了。

毕竟，活鱼才能逆流而上，死鱼才会随波逐流。人生，从来都是逆水行舟，不进则退。

当然，若你想当一条咸鱼，那也得"加油"才能翻身，不然终究还是会粘锅的。所以，请别再一直说"自己付出了别人难以想象的努力"。

到底是努力容易，还是想象容易？抑或根本就是你高估了自己的努力，也低估了自己的想象力？但无论是想"翻身"或"翻生"，记得都要"加油"才行啊！

没有最好的决定，只有决定之后才能做到最好

犹豫时，就选择最辛苦的那条路

关于选择

好友结了婚，养育着一双儿女，特别幸福快乐。年轻时，男方靠着才华存了一些钱，现在才能过上有车有房没贷款没压力的生活。生活看似特别安逸、稳定，但夫妻俩的薪水都不算高，评估了一下也不觉得未来会有多大发展。于是，两人为了未来的生计不断讨论着出路。这时，有个发展较好只是辛苦一点的工作机会闯入了他们的视野。

就在上台北与好友们相聚的这几天，夫妻俩顺便也看了看台北的房子。

在现实生活中，很多人在生命中对大事做出决定时，并非基于深思熟虑，而完全是一种"不管啦、豁出去"的气魄。果不其然，夫妻俩在冲动之下贷款买了新房，就这样决定举家搬迁，开始了全新的生活。

全新的工作、全新的环境、全新的压力，这样看来，人生似乎更上一层楼了，毕竟，薪水多了那么一点，房子也好上了那么一些，生活质量也提升了一点。只是工作内容是不定因素；薪水报酬高了，却是肯定的事实；开始有了房贷，是必须承受的压力；其余的，都是未知挑战。

他说："签下买房合约的时候，我的手都在抖。"

她说："这是重新开始，也不知道是不是好的……"

面对生命的新旅程，真的不得不说年纪越大，越是没了"重新开始"的勇气，更别说已为人父母了，还携家带口的，这得需要多大的勇气呢？！

人们都希望能轻松过生活，却忘了有时候其实不是"能不能"的问题，而是"要不要"的决心。说实在，人生怎么选择都会有选错的时候，这世上从来就没有最好的决定，只有在决定之后才会把它做到最好。因此，专心想着"逢山开路、遇水架桥"就对了。

转念想想，要想过更好的生活，就要付出更多的努力，但比起好友这样子的"重新开始","从心开始"或许是更好的选择，至少不光薪水涨了、有钱赚了，还多了朋友。

毕竟，不是所有人都有勇气挑战不同的工作，也不是所有人都有机会在不同城市生活，更不是所有人都有能力住在属于自己的家，甚至还能创造出完全属于自己生活步调的仪式感的。

生活本来就不容易，如果有一天你发现生活好像没有想象中的辛苦，不是生活变好了，而是你变强了，这背后代表的是你一直在进步。

犹豫时，就选择最辛苦的那条路，准没错！因为我知道，最辛苦的肯定就是上坡路。

辑 五

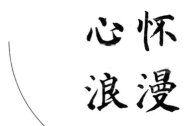

心怀浪漫

给走在高级路上
做自己的你

接受自己的平凡，爱上自己的普通

小时未佳，大要了了

关于自信

我在私立女校生活长达六年，有个不变的定律。

也许是心理因素作祟，印象中，那时班上大多数的女孩都特别优秀。她们似乎都天赋异禀，智商超群，琴棋书画样样精通。明明每天念书的时间都已不够，但她们都还去学才艺——练琴、吹长笛、学舞蹈，回宿舍后也不用熬夜苦读，考试成绩照样名列前茅，所有科目的学习对她们来说简直游刃有余！

她们在我心里宛如活在金字塔顶端的公主，家里大多非富即贵，吃穿用的也全是好物。她们蕙质兰心，也都善良可爱。

每个人出场都像自带聚光灯，走路还有无数风扇吹，也会有自己的小圈圈、闺密群……

我的功课不算好，学起芭蕾、钢琴、绘画来简直是只菜鸟。长得不丑也不美，也没有变成天鹅的潜能。除了能当个气氛组干部，其他完全沾不上边。家里没银也没矿，就靠一个老爸赤手打天下，就是一个平凡而普通的女孩子。

不过，我独树一帜的精灵古怪味还是有别于女孩们的贵族气质风的。从小，生活就给我上了一课，让我明白"差异化市场"的重要性。不管怎么说，团体里总要有个丑角，红花还得绿叶来衬。

○ 人总是要和现实面对面之后，才会惊觉自己的不完整

当时，女校里的英文课分成A、B两班，每次用大考成绩来区分谁升A班、谁降B班。乍听起来好像没什么，因为通常"游走"在两班之间的都是那么几个人。可是这样的做法，就是血淋淋地在告诉我们，学生往往分成"资优"和"放牛"两种。女孩们都是"天堂A班"的基本角色，而我就是"地狱B班"的垫底。终于，在一次期中考后，我顶着"地狱B班"的最高荣耀来到了"天堂A班"。那感觉就像潇洒走一回，果真下次很快就返回"地狱"了。

有些感受，是在"天堂A班"的人永远不会理解的，她们总会说：

"没关系啦，下次努力就好啦，没这么难的……"

"其实我也想去B班，感觉你们那边学可轻松耶……"

生活又给我上了一课，不是所有人都懂好好聊天的。

这个社会从学生时代开始，就一直有形无形地教育大家："弱者是没有自尊可言的"，说得严重一点，甚至你还会发现那股飘散在空气里的"种族歧视"。

直到现在，我依然不明白，为什么作业本上要标示清楚一个学生是A班还是B班。这样一来，别人不就一眼知道他是天才还是白痴了吗？

只记得，当时仿佛世间所有的事，哪怕有些对别人来说信手拈来般容易，可对我而言，都要费尽千辛万苦才能做到。比如，人家花两个小时就能背下来的课文，我得花四个小时才能记住；人家能定时睡上美容觉，我却得挑灯夜读到深夜，总是最晚关灯上床的那一个……

那个时候又怎会认识到是自己没别人聪明呢？我只知道自己成绩不好，就是书念得不够多，所以唯一能做的就是努力、努力、再努力。于是，我吃饭时在看书，操场散步时在看书，荡秋千也在看书……反正那个时候的我读书"死磕"到底就对了。

长期待在这样的女校环境，对于一个心智尚未成熟且处于青春期的少女而言，能不自卑已经十分难得了。或许，也是从那个时候开始，我的心中就隐约埋下了"大家都优秀，自己就是不够好"的种子。我明知道自己赢不了，又不想让别人觉得我差，就因为这不认输的个性，一直让自己痛苦至极。

在成长的过程中，我难免会对自己充满质疑，也时不时会否定自己。就算别人总是称赞我已经很好了，但总有一个"你还不够好"的声音让我惴惴不安。只要没有获得认同，我就认为是自己还不够努力，得更拼命才行。

就这样，我带着一点狡黠的高傲和内心的那种极度的不自信，整天徘徊在"天堂"与"地狱"之间，度过了青春期。

不过，我也在那时深刻体会到，世界上不是所有人都有天赋的。我不信什么成功学，也不信"努力就能获得一切"，因为成功人士会告诉你"过程比结果重要"，鸡汤文会让你以为努力就有回报……可是，最后不及格的数学考卷又会给你一巴掌，叫你清醒一点！

或许就因为在这样"努力—失败—再努力"的过程中，我才能慢慢意识到，如果这根链条的坚固程度取决于它最薄弱的环节，谁又能嘲笑肯为最薄弱环节付出最大努力的人呢？连我自己都不应该。渐渐地，我接受了自己的普通，从此只知道要全力以赴。

196

○ 有些事情从来不用改变它，而是接受它

接受努力和有天赋之间是有差距的。接受自己只是个普通人，但又比普通人努力一点；接受自己的平凡，努力才显得可贵；接受努力不见得就会有回报，但累积的都是价值；接受自己花了若干年的努力去成长，不应该换来自我怀疑与厌恶；接受自己并不是不够好，而是自己比想象中还要好，只是不想让人失望……

没天赋又如何？既然脑袋不好使，那就更要善用心。只要沉浸于某一件事，就能心无杂念地去做好这件事，甚至把这件事做到极致。

如果说人与人之间最小的差距就是天赋，那么最大的差距就是坚持。人才都是熬出来的，本事也是逼出来的。

只要足够努力，谁都有机会成为天才、鬼才或人才。因为努力一定对得起自己，但天赋却不一定能。这也是为什么很多天才曾亲手毁掉自己拥有的一手好牌，最后沦为自以为是的庸才或蠢才。

如果说没能一路顺遂，那就让"现实"去磨出"现世"。还是要相信这世上没有白费的努力，也没有碰巧的成功，能把平凡的小事做到极致，也是一种"超能力"。不选择捷径，一步一

个脚印，拼命且努力，在这个过程中，把每一件简单的事做好就是不简单，把每一件平凡的事做好就是不平凡，因为对一个人而言最大的浪漫就是终其一生的专注。

　　期盼在匆匆流金岁月里，所有的奇迹，都是努力的另一个名字；所有的无心插柳，也都会水到渠成。

　　我相信，人这一辈子，不需要活成太多样子，认真做好一件事，时间自会给出答案。小时未佳又怎样，长大了努力出众就好。人生本如戏，好看的就该是那份认真啊！

做自己就好，
其他的交给上天

一百个人的口中有一百个"我"，"我"是天使也是
恶魔

关于自我

　　大家一定很难相信，关于"做自己"这件事，困扰了我大半辈子。

　　从小到大，老妈对我的形容都是："你就是太任性做自己了！"现在，老板批评我时，说的话也是："你还是太做自己了！"

　　对他们而言，坚持追逐理想，就是太做自己了；不想随波逐流，就是太做自己了；不懂得见势转舵，就是太做自己了；不愿为利益妥协，就是太做自己了……

对我而言，"做自己"不是行为上的脱轨妄为，不是不懂人情世故的狂妄任性，而是一种信念上的坚持。对我而言，当大家总说着"不愿被这个世界改变自己"时，我只知道这个世界不会变，我必须更努力地与自己较劲，把自己活好就是在改变世界……可怎料这些，在他们看来竟也成了"太做自己"的表现。

是从什么时候开始，"做自己"变成一种带有暗讽意味的贬义词了？明明小时候"做自己"是最酷的表现，怎么长大后"做自己"却成了一种不成熟的行为？

我不做自己，我做谁？我又会是谁，谁又会是我？到底我是谁……

关于"做自己"这件事，我曾困惑，也曾迷茫。走在"找自己"这条路上，与其说我是在寻找自我认同，不如说是在别人的期待下，一边做着自己的同时，一边怀疑这样的自己。

○ 做自己与做人之间的距离

就这样，从少女变成装少女，从假成熟变成装可爱，这一路，我在"做自己"与"做人"之间挣扎与怀疑着。该摔的，也摔了；会失去的，也没了；能赔的，也赔光了……慢慢地，我悟出了一套属于自己的处世之道。

我终于发现，别人眼中的自己根本就是一道伪命题：一百个人的口中有一百个"我"，这个"我"既是天使也是魔鬼。

事实上，我是好人，却不及天使；我非善人，又不及魔鬼……反正，我就是我，不能当人间不一样的烟火吗？

然而，我眼中的自己根本就是一个陷阱，因为"做想要成为的自己"和"做真实的自己"是两码事：一个是目标导向（我想要）——做理想的自己，另一个是存在导向（我是谁）——做独一无二的自己。两者虽然都是走在"做自己"的路上，但出发点不同，结果肯定也不同。（大家不要纠结字眼，就当目标导向是指"有人设的自己"，存在导向是指"真实的自己吧"。）

重点是，目标导向的人生，关键在于可控、可计划，是权衡利弊；存在导向的人生，重在内省、探索、接纳自我，是激发潜能。然而，在信息爆炸的时代，所有的信息都在创造一种"理想又美好的模样"。于是，在大众脑子里，早已在不知不觉中被强行灌输了许多阻碍自己认清真实自己的信息。因此，目标导向的人生，更像是大众眼里的成功。

这就是为什么大家总提及"人设"这一词。在现实生活中，许多人都热衷于在社交媒体上分享各式各样的照片，将自己包装成一种在世界各地旅行、有着高级 VIP 品味、像社会精英的那副模样。结果，某一天这人设突然崩塌，而这正是因为"做你想成为的自己"最大的风险在于——"很努力爬上了山，才发现爬错了山"。

我琢磨了许久后才发现，当别人对我说"你真有个性""你真的做自己"的时候，一部分人是觉得我有想法，另一部分的人则带着些许贬义的看法。事实上，其背后的原因更多的是，我没有成为社会期待下及大家理想中的那个角色该有的模样。纵使我知道理想的自己该是什么模样——一个女儿该是什么模样、一个高管该是什么模样、一个下属该是什么模样、一个作家该是什么模样、一个剩女该是什么模样、一个常人在社会上生存又该是什么模样……但我的性情还是让我选择了成为自己最真实的方式——以本色示人。

我就是相信，一个能做到彻底真诚的人是无坚不摧的，而人设的脆弱，就是对自我和其他人的不坦诚。且不说用自我养成的傀儡总有一天会反噬自己，单说人设崩塌之后，气急心慌之下自己该何去何从就是个大问题。到那时，自己是谁？谁又是自己？光是想想这些都觉得可怕……反正我承受不起。

○ "做自己"不是逃避现实的避风港

不管是目标导向的人生，还是存在导向的人生，有句话说："人生最艰难的时候不是没有人懂你，而是你不懂你自己。"所以，真正意义上的"做自己"从来都不是一件简单的事。毕竟，我们现在能接触到的信息与诱惑何其之多，而我们只有在穿越层层迷雾之后，才能去认真看清生命的意义。"做自己"这三个字充满了奇妙的想象和无尽的美好，也正因为如此，才更不该用来当作逃避现实的避风港。

至于我，"做自己"不代表就是不顾及别人的感受，只想着自己的感觉，也不代表自己无法满足社会的期待。如果说一个活到极致的人，有多少人喜欢，就会有更多人讨厌，那么，好的"做自己"，是当身边人的天使；坏的"做自己"，就是做其他人的魔鬼。时间会告诉你，唯有那个一往情深、不计得失的自己，才最弥足珍贵。

人生不过短短数十载，不管是理想中的自己，还是独一无二的自己，只要你走上野蛮、向上的成长之路，要为自己而活，就要为自己负责，其他的就交给上天吧。

努力不一定会被看见，
休息一定会

要努力生存，更要尽情生活

关于休息

生活中有一个有趣的现象，每当人们在社交平台上分享自己在各地游玩的照片时，底下总会出现许多既像羡慕又似讥讽的留言：

"有钱真好。"

"赚太多。"

"过得太爽。"

正所谓"努力不一定会被看见，但休息一定会"，也许这就是许多人表达关心的方式。但，到底是从什么时候开始，就连放假或休息都成了一种罪恶呢？

也难怪现在有很多人在放假的时候，总会叮咛亲友说："哎，不要上传有我的照片哦！"

我们先不管他到底真实的生活过得好还是不好，毕竟活在"虚伪"的年代，太多人在社交平台上包装出来的表面生活，也都只是为了塑造自己的人设。

那么，假设先撇除背后这些特殊状况（人设包装、翘班摸鱼等），单纯就只论："看到朋友可以每天这么爽、这么快乐、这么无忧无虑地享受生活，我们不该替他感到开心吗？"

毕竟，说实在，能拥有这些，是福气呢！

成年人的生活多半为了柴米油盐在拼命，在熙攘疲累的现代生活里，一个人哪怕只是年假排休，或是忙里偷闲，或是待业喘气，可以三不五时停下脚步歇歇，都极为难得；一个人偶尔不用为五斗米追逐，当然是福气。

我们这么努力地生存，不就是为了尽情享受生活吗？

别人问我："看姐妹们的亮丽生活，你不羡慕吗？"

我怎么会不羡慕呢？很羡慕！毕竟自己的人生还没升华到无欲无求的境界，我当然也想要过上好日子！只不过，羡慕是一回事，羡慕不代表我需要破坏或是嘲讽她们所拥有的快乐和幸福呀。

有些人一辈子劳碌，才能勉强过上好日子，汲汲营营奔波度日，付出的努力不会辜负自己就是满足；有些人直接出生在富贵人家，饭来张口衣来伸手，这一切看似无忧享受的背后，需要承担的责任可能相对也多。

也许他们从来无法停下脚步好好休息，可是日子过得也算踏实安稳；或许他们放任不拘狂欢度日，又有多少人了解他们独处时的孤单与寂寞——我相信老天爷还是挺公道的。当然，你若是想拿一些"特别案例"来跟我瞎扯，那我也当你的小日子过得闲逸无聊，你开心就好。

我当然羡慕那些照片、那些贴文、那些分享、那些笑容、那些快乐、那些阳光、那些蓝天、那些大海、那些花草绿地、那些野餐下午茶、那些光疗指甲、那些出国旅游、那些一路顺遂快活的人、那些随心花钱的人、那些没遇过挫折的人、那些没受过伤的人……如果上述我所羡慕的全都是真的，不就代表朋友们过得很好很幸福吗？那就是他们满满的福气，这是多么难能可贵的事呀。

或许朋友们还没有经历过许多事，所以无法体会很多心情；也许是朋友们的心声常常无法抵达，使得感受总是有所偏差……但，不正因为自己走过风雨，才更不希望朋友也遇上苦难吗？难不成为了让他们"了解生活的苦"，就希望他们遇上

"坏事"？

没遇到过挫折是好事，生活能顺遂、快乐，自己天真一点又何妨？如果能一直肆意快活，把所有事情都看得没什么大不了也没关系。作为朋友的我们不更应该为他们拥有的幸福感到开心吗？难不成还真有人认为"他们就是不懂人间疾苦啦，总有一天会跌倒"？那你就老实承认自己是"吃不到葡萄，嫌葡萄酸"的那种人吧。

我依然不明白为何有人会在别人的贴文下留下那样酸不溜秋的语话。是想要表达自己活得很累很辛苦？还是想让对方觉得出去玩很该死？又或是，希望大家都跟他一起一辈子不得闲吗？

不妨试着摆脱过去不被期待的日常，享受现在无限可能的平常。我相信有一天，当你可以闲逸过活时，你一定会希望大家都真心替你感到开心的。能为别人的快乐而快乐，是多么浪漫的骄傲啊！

感到孤独的时刻，
就是你最需要自己的时刻

孤独的力量

关于沉淀

懂越多就越像这世界的孤儿，走越远就越明白世界本是孤儿院。

——韩寒《1988：我想和这个世界谈谈》

以前，总想拥有一眼就看破一些人与事的本质的能力，所以我拼了命去学习各种逻辑思维，以及各种组织结构和系统运作，直到有了一定经验的累积和岁月的沉淀，才终于有了一套属于自己做人做事的方法。

结果发现，自己有了能力还不够，因为有一种无能是"无以为力"：还以为往上爬，爬到最高就不用看任何人的脸色，但事实上高处不胜寒，越是站在塔尖上，越要战战兢兢、如履薄冰……真正难的，从来都不是事情；真正让人纠结的，其实是猜不透的人心。

搞了半天，拥有一眼看破人与事的本质的能力又有何用？还是得学会看事不说事，避开套路和陷阱。终究得明白，看破不说破，不如难得糊涂，毕竟大家都说"过好自己的人生就是了"。

过好自己的人生，这样就好了吗？

于是，每天上班下班、回家吃饭、洗澡睡觉，日复一日、年复一年，不管亲情、爱情、友情、工作、生活和自我价值，就这样逢迎在喧嚣的人群之中，一派岁月静好。

但为什么和熟悉的人面对面，却总是有话说不出口；和一群朋友相聚，转过身来疲惫感却涌上心头？看着手机通信录里的朋友越来越多，可真正能聊天的没几个。结果狂欢之后，反而倍感空虚，即便被世间繁华包围，也依然感到苍凉……

当人生处于低潮时，内心的苦闷和辛酸无人能懂，面对接踵而来的困局，却发现连身上的担子和包袱都无人倾诉。你开始怀疑，是不是因为自己的努力和独立，让自己丧失了被照顾的权利。结果，大家都说："这就是长大呀！"正所谓"有风有雨是常态，风雨兼程是状态，风雨无阻是心态"，不学着把自己当成"齐天大圣"孙悟空闯江湖，心态崩了也只能被淘汰出局。

所有不走心的努力，就像在敷衍自己，而努力后的无能为力，才会让人如此沮丧。本来以为在自己孤单的时候，只要有人陪伴，情绪就能得到安慰，后来才发现问题从来不是孤单，因为我们从不寂寞，只是觉得有点孤独罢了。

你必须慢慢懂得，孤独是人生的一种常态，是每个人长大都要面对的事实。在某个时段，挫败感袭来并降临到你的身上，从此变成你的一部分，或许这就是每个人都必然经历的过程吧。

有一种孤独，就是戒掉自己的倾诉欲，不动声色做自己的摆渡人。这时候，如果你感到孤独就对了，因为感到孤独的时刻，正是你最需要自己的时刻。不要忽视这样的孤独，因为它能让你变得更强大。试着学会爱上孤独，学会与孤独共处，学会和不愉快的情绪共处，那才是真正最贴近自己的时候。这世界有太多的声音，城市在喧嚣，现实在吵闹，过往的人都在说话，你可以倾听，但不要被它淹没，最后停下脚步，不要忘记听听自己内心的声音，学会独处。

独处时，你可以选一部能触动内心的电影，一边欣赏一边啜饮红酒，这样的夜晚也是专属于你的浪漫。让自己沉醉在剧情里，就算跟着故事中主角的情绪崩溃，那也是你一个人的事。

你可以带一本书去喜欢的咖啡厅坐上一整天，点一杯拿铁配上一块蛋糕，遨游在文字的世界里，累了就抬头，看看窗外，看看周遭，看看别人都在做些什么。你也可以一个人去听一场音乐会，再去做一个水疗，放松两小时。你还可以去逛逛书店、去尝试想学的课程，或者好好地布置家里……

当你不必花心思与人交谈，当你的全世界只剩下音乐，当你全心全意享受当下，当你可以完全活在自己的世界里……这种独处就是专属于你与自己的一场约会。你的内心会感到充实与美好，慢慢地，你会越来越了解自己。你越了解自己，就越能明白自己的无知；而了解自己越多，就越会感到孤独，也只有这时候，你才是在真正地沉淀自己。当独处成了一种习惯，渐渐地，你会习惯这些不习惯，甚至爱上这些习惯。

我觉得这是好事，因为爱上孤独就代表你爱上了真实。当一个人独自面对自己的内心，无论是恶、是善、是真、是假、是爱、是恨，都是内心深处的独白。唯有独处的自己，才是最真实的。你能欺骗别人，但在孤独时，你没办法欺骗你自己。

通过自己与自己的对话，你才能剖析自己、了解自己，让自己从内心深处休整、从忙碌中解除劳顿、从迷茫中理顺思绪、从懵懂中逐渐明晰、从颓败中逐渐坚强、从迷途走到正途、从阴暗走到光明。

　　或许也可以说，爱上孤独，其实就是爱上了放下。当现实把心都塞得满满的，当大家都为了前途、家庭、事业、权力、名利，不给自己丝毫喘息的机会，选择孤独就是选择放下重负，选择停下匆匆的脚步，放下繁华的现实活生活，放下爱恨情仇。放下该放下的，不要让自己太累；充实该充实的，不要让自己空虚。

　　就像张嘉佳说的那样："孤独是全世界，是所有人，是一切历史，是你终将学会的相处方式。"

　　我们只有走完该走的路，才能走我们想走的路。知道向外求是生活所需，孤独是自我享受，了解热闹有热闹的情趣，孤独有孤独的浪漫。愿我们皆能放肆、繁华、明媚，也能享受一个人的狂欢。

每个人都只能陪你
走一段路

可以念旧，但别期盼一切如故

关于缘分

　　小时候，家里时不时会有客人来做客，父母也常会带着我与他们的同事、朋友一起外出游玩。只记得，当时见面就"××叔叔""××阿姨""干爹""干妈"这样叫，那个年代的家教，学的就是一个嘴甜。

　　只是，越长越大，就再没见过这些叔叔阿姨们了；日子过着过着，父母也不常和这些同事、朋友、姐妹们聚会了；他们似乎只会出现在父母的声声叹息里，不是"××姨做了什么事"，就是"跟爸爸很好的××叔又怎样了"……

213

小孩子总是会对那些跟父母相处过的叔叔阿姨们留有特别深刻的印象。记忆中，他们都是对我很好的人，后来他们在我心中的印象很轻易地被父母的说辞改变了，最后甚至我只留下"他们都是'坏人'"的回忆……

小孩子的世界就是这么简单。

现在认真想想，那些在我的脑海里有印象的叔叔阿姨们，当时他们的年纪也就是我们现在这样。我当时那小甜嘴里口口声声喊的"叔叔阿姨"，不就是现在自己身边这些酒肉狐群狗党吗？

现在，好友们也时不时会带上自己的孩子出场，而我也会跟他们玩成一片，他们都是"叔叔""阿姨"地叫我，像极了我的小时候。

前些日子和好友吃饭，好友如同往常般说着闲事："你知道×××最近和×××闹翻了吗？两个现在已经不好了……"

生活里最常听到的八卦琐事，不外乎就是"谁跟谁没来往了""谁跟谁又为了什么事没联系了"……意外吗？当然不意外。

社会在改变，人的思想也会改变；想法能创新，技术会进步，但唯有人性，恒久不变。这也难怪每个时代的人，到老了都有一种相同的体会，最后全都浓缩成了一句："这就是人生啊！"

真的不是只有你，而是我们每个人生活里都会遇到的事。

不只有爸爸妈妈爷爷奶奶，哪怕是好几代以前的人，那时他们遇上的人的人心也和现在的我们遇上的相差不远。

对于那些我们曾经以为很要好的朋友、那些我们曾经以为会和他们一直结伴走下去的人，我们没有诚挚打招呼，也未曾好好地说声再见，离开的就离开了，留下的总是无尽的悲伤。偶尔我也会纳闷为什么走着走着就走散了，但好像也没有为什么，无非就是"人在风中走，聚散不由人"。

张嘉佳说："十年醉了太多次，身边换了很多人，桌上换过很多菜，杯里倒过很多酒。那是最骄傲的我们、最浪漫的我们、最无所顾忌的我们。"只是看着时间一天天地过，好像什么也没变，再回头认真看时，又发现每件事全都变了。

况且，这世界似乎存在一个诡异的相悖论，譬如那一句"向来缘浅，奈何情深"。如果生命必须有裂缝，阳光才照得进来，那就当如果不痛一下，还不觉得自己活过吧，不是吗？

撇除国恨家仇利益纠结，人跟人之间还能有什么深仇大恨呢？

人心换人心，我们拥抱每一次相遇，同时也接纳每一次失去。如果每个人都只能陪自己走一段路，那么我们真的没有办法阻止一个人的出现或离开，我们唯一能做的，就是在与他相伴的这一段时间里不要让自己后悔。

　　总之，有些人后来就真的再也没见过了，对于那些至今还留在身边的，我有一万遍也道不尽的感激。

　　如今纵使会想念，也不再期盼一切如故。这段路，你若不弃，我便不离；但若嫌弃，就一边去吧。缘分这回事，最不需要的就是为难自己了。

身份很多个，面具很多张，
心就一小颗

多角色的斜杠人生

关于角色

"人生就如一场戏"——这话简直就是老哏到不行的开头。但人生这场戏，我们扮演的每一个角色肯定不老哏。

其实"角色"一词最初出现在莎士比亚《皆大欢喜》这一戏剧里的一句台词："全世界是一个舞台，所有的男人和女人都是演员，他们各有自己的进口与出口，一个人在一生中扮演许多角色。"

社会学家把戏剧中的"角色"概念借用到社会（社会心理）学里来，便产生了"社会角色"一词。也正因为人们拥有各种不同的社会角色，所以才构成了社会群体或组织的基础。而每个角色都因为有其义务的规范与行为模式，所以社会才得以不断运转。也正因为每个角色都追求自我，当欲望交叠，角色与角色之间也就多了很多忧愁与苦恼，所以为了生活，人就会拥有很多张面具。

这让我想起某日与朋友一同去参加一项活动，当天遇到非常多不同圈子的朋友，他们每个人对我的称呼都不一样。亲密一点的呼唤我小名，有的叫我外号，职场上混的都叫我英文名，当然也有人直呼我名讳不带姓，友人突然对我说："我发现你的人格可以瞬间转变……"

当时我认真地想了想，与其说我的人格能说转变就转变，还不如说我的角色说改变就改变，或者说，其实我从来就不只有一张面具。

在一天当中，大多数的人至少有十种的角色要扮演：当爸妈的子女、孩子的父母，当手足的兄弟姐妹、配偶的另一半，当公司的好同事、下属的主管、长官的部下，当商家的消费者，当司机的乘客等。

每个角色都有自己的责任和义务。有些角色扮演起来特别轻松自在，有些角色则必须严肃对待，有些角色需要搞笑一些，有些角色悲伤一点就好。在每场不同的戏，换上不同的面具扮演不同的角色，在人生的旅途中演完一场又一场……

也许有些角色你扮演得特别不好，有些角色你又入戏太深。你肯定会有自己特别执着的一个角色，也有可能将错误的角色放到另一个角色的戏份场景里来演……

我有时纳闷，明明人家都只是友情客串，自己受伤了才懊恼为什么总是倾情演出；明明人家不过是逢场作戏，自己却假戏真做动了真情……这到底是角色出了问题还是哪里出了错？为什么自己总是演成"乡土剧"，别人演得不切实际却还是可以演成偶像剧？

于是，我开始质疑自己：是不是演得不够好？是不是长时间扮演某个特定角色，从而就认为自己就是那样的人，或者也只能是那样的人？这种自我怀疑，使我有时候看不清楚这一切原来只是一场客串，一旦停止扮演那个角色的戏份，便是剧终了。就好比，他喜欢上的是活出自我的你，你却在爱上了他以后，莫名地失去自我，而他也就没之前那样喜欢你了……

其实，我们过于习惯在别人面前戴上面具，最后导致在自己面前也伪装了自己。人生虽如戏，但戏从来就不是人生。我们无论怎样都不能让角色限制了自己的人生。也许角色会决定剧情的走向，但唯有坚定本心才会带自己走向目的地。

有人说："本色做人，角色做事。"无论是扮演哪种角色，无论是脱下面具还是戴上面具，都要保有自己的本色与初心，如此一来，才能在扮演各个角色时展露自己独一无二的风格。

醉翁之意
不在酒

有时候陪伴自己的不是别人，而是手中那杯酒

关于解忧

那一晚，A男心中特别烦闷，找我去酒吧喝酒聊人生，他说自己最终还是没跟那个心中爱慕的"天菜女孩"在一起。

"为什么？"我和他轻敲了一下酒杯。

"因为她喜欢喝酒……"他自己也有点不好意思地说。

"你——什——么——意——思？"（那我们现在在干吗？喝酒不行吗？！）

"我不喜欢会喝酒的女生，觉得晚上在外面喝酒的女生会很……"

"很什么？你说啊，很怎样？"（还给人贴上"会喝酒的女生"的标签呀！）

"你很好呀，你没怎样呀！又不是在说你……"（怎样？难不成我不是女的？！）

"那个'天菜女孩'犯了什么错？这是哪来的双标？"（作为老朋友，我说话向来毫不客气。）

"不是呀，就感觉不适合家庭……"他抓了抓头发，又喝了一口。

"……"简直就是无语。

○ 真放肆不在于饮酒放荡，假矜持偏要慷慨激昂

我们当然都知道"小酌怡情，大饮伤身"，只是，管它是大饮还是小酌呢，很多人可以把酒言欢共叙衷肠，也能一起对酒当歌酣畅淋漓，不是吗？但奇妙的是，还是会有人认为会喝酒的女生不会是一个贤妻良母，等等，很明显，这其中暗藏着一个"爱玩"的贬意暗示。

事实上，生活中不难窥见，不喝酒的人常会对喝酒的我说："你少喝一点，喝酒对身体不好！"无论这是关心之名，还是善意之举，总难免透露出一种隐晦的偏见。毕竟，主语是针对我，本质上就已经是一种俯视了，更不用说那些潜意识里对喝

酒人士存有的偏见，实在叫人难以理解。更可笑的是，这还有雅俗之分，如喝红酒显得形象高雅一点，畅饮啤酒的就显得庸俗了……

年轻时我还会愤恨这样的世俗眼光，总觉得为什么喝酒的女生被贴上这么多标签。如今到这岁数了，我会买标签机让你帮我贴，这就是成年人的世界！Come on（来吧）——酒精就是眼泪的替代品，不想泛泪光，那就喝光它呀！比起这一众嘴巴，倒不如相信干杯的诚意，还好一点！

○ 人生若有什么事情无法解决，那喝一杯吧

按大家的理解，酒精更多的是像一种夹杂了正面能量与负面情绪的产物。与酒共存，能让我们享受人生，当然也有可能让我们毁掉人生。所谓"醉翁之意不在酒"，不是赞誉酒精的功能，也不是推崇酒精带给人生理上的反应，而是它确确实实成为许多人心理层面不一样的代名词。

第一次喝酒的人，肯定觉得酒是苦的，那为什么爱上喝酒的人总是说酒不苦？其实，不是酒不苦，应该是心里更苦。而我们爱上的，也许就是酒后心情的反差：心情好时，待酒精在胃里发酵后，感到特别爽快，所以好喝！心情差时，待感官被酒精麻痹后，才能痛快，所以好喝！因此，不喝酒的人看喝酒

的——一个个像疯子；喝酒的看不喝酒的——一个个像傻子。所以越是懂喝酒的人，便越是深感矛盾。

如果你问人家："为什么喜欢喝酒？"他们可能会告诉你"因为它好喝"或是"因为它难喝"。酒又是好喝又是难喝，跟生活一样，又是甜又是苦。高兴时，有些人会哭、会喝酒；伤心时，有些人会笑、也会喝酒。有时候，喝酒不是为了喝酒，而是戒不掉朋友；有时候，醉酒不是真的醉酒，而是找借口逃脱苦闷。大家都是在一旁看透不说破，这不就是人生？

○ 有时候陪伴自己的不是别人，而是那不懂得说话的酒

人生陷入低谷的日子里，记不清有多少个无法入眠的夜晚，我都需要小酌微醺以助睡眠，但那并非酗酒。然而，我却可以很清晰地感受到朋友们对我这样那无法理解的心情，在他们看来，仿佛是我堕落了。而我无助时，环顾四周，陪伴自己的竟是手中那杯酒。

"你醉了，少喝点！"反正我醉与不醉是在别人眼里，但醒与不醒却是在我心里。就像我早已习惯白天扮演着局里的局外人，到了夜里黄汤下肚则是清醒的醉酒人。这样的我偶尔难免会有些许失落，但却难以抗拒这既真实又跳脱的感受。这样做，不但能让自己沉醉于无以名状的悲怆中，还能掩饰自己不被人

发现的窘迫。因此，如若偶尔喝上一杯才能让生活继续微笑，大家也就别过度苛责了。

当将酒与悲伤串联在一起时，好似酒精不仅能带走人的理智，也能冲走人的情绪……却忘了，年少时的喝酒狂欢只是想拥抱生活所有的美好，长大后的喝酒作乐是即使知道世界的丑恶，也仍想把美好留在这一刻的豁达！

时光将故事酿成酒。人生短短几个秋，三不五时敬往事一杯酒，将所有一言难尽一饮而尽。一杯敬过去，一杯敬过不去。故事与人不强留，微醺就好，看透就好。

若问当下何以解忧？那么，今晚我干杯，看官们随意就好。

一个人
也要浪漫过生活

不做现实里形式上的"走肉"

关于生活

现在是一个矛盾的时代——在生存以上、生活以下——似乎金钱可以满足很多事，这也成为世人量化一切的标准。但人们还是会有许多的无奈，存在于那无法抗拒的残酷现实里。

因此，我总是会用"当理想快被生存磨灭时，记得把生活调成喜欢的频道"这句话来提醒自己。

试想，就算努力去珍惜每一分每一秒又如何？许多人与人之间故事的结束仍然是以分开、别离作为谢幕，最终我们更多的感受换来的是无尽的空虚与寂寞。

如果论感受，其实努力前与努力后，大致上是相同的。

到了三十岁以后，我都会这样告诉自己：所有的理由都不是理由、所有的借口都不是借口，没有人会关心你选择和决定时的痛苦和无奈，别人看到的都只是自以为的事实。

到了三十岁以后，我会这样告诉自己：什么理想、什么完美都终会被磨灭，所谓的"生活"，正是我们这一代热衷燃烧，却总在无情中耗损的"长大"。

到了三十岁以后，我会这样告诉自己：要更努力更积极地面对生活，让自己问心无愧地向前大步走，只盼能在险恶中坚持自我，奋力维护心底那份尚未消失的美好。

换个方式想，有时，我们以为生活快将自己磨灭，但其实它在教会我们变得细腻，用心去琢磨出生活的细节，避免我们太过粗糙地度过一生。纵使我们始终要面对现实，但不管坚持一种精神也好、秉持一种态度也罢，找个属于自己的"烂漫之道"，别让生活"只剩下——"，要让生活"除了——还有——"，这样一来，生活才会多点色彩、多点滋味。

让我们在平凡又琐碎的日子里，找到诗意的节奏，找到继续前进的微光，找到不愿将就的勇气。就像每天早上喝一杯Americano（美式咖啡）；每周有一天踩着高跟鞋上班；还要有一天下班吃饭约个会；要有一晚享受独处时光喝杯红酒；再选一天下班散着步回家；然后在星期五别忘了一定要喝点小酒啊；最后到了周日，好好吃顿饭看一场电影，都是能做的最棒之事……

毕竟，这都是生活在城市里的人生百态——生存以上、生活以下——属于我们最平凡的大城小事。这也是一个人活着也要过的浪漫生活呀，绝对不要变成现实里形式上的"走肉"啊！因为我知道，所有最美好的，终会残留在这些荒谬的余味里，而这些不就是我们耗尽青春、用尽全力拼命想去证明的吗？

回首过去，我也禁不住嘴角上扬，而正是有了这一抹微笑，也才有了这些我能与你分享的这一切——那些最重要的、最美好的小事。

后 记

□
□

走过甜苦甜苦的青春，
终成甜酷甜酷的大人

终于，我们也来到了这一站，这一站就叫"终于"。

真的就像梦一场，我终于完成了这件事，为自己再次立下一个新的里程碑。大家终于看完这本书了吧？终于，我不是只在自己的世界里写着矫情的文字，而是真的能在这样一个功利的世界里，浪漫地活上一把。

是从什么时候开始写作的呢？我想应该就是网文刚问世的时候吧。一开始，我只是在网络上写些无病呻吟的生活琐碎，但慢慢地，随着年龄与思想的成熟，写的内容开始多元了起来，也受到了一些关注。从写网文变成写杂志专栏，我的文字里偶尔还多了一些专业分享和开箱介绍。当然，文章最后都是那些我想对这个世界说的话，还有分享我所欣赏的那些微不足道的品质或者追求。

作为一个不大会主动与别人诉说心事的人，很多时候我都得靠文字来与自己对话，让自己更深切地去感受生活，反省过错，坚定信念。也只有在这样自我坦诚的心情流露中，我才认识那个最真实的自己。因为，有太多的事情，只有在娓娓道来的时候，我才能真正站在一个旁观者的角度去正视问题，思考问题，并找到症结所在。

对我而言，自由写作的过程就像自己陪着自己又活了一遍，这是一种属于自己在红尘中磨炼历久弥新的方法，也是不让自己的初心沦陷之道。

2022年初，一来是想要远离人情世事，二来是想重拾写作的快乐而非压力，三来是想多点时间陪着狗儿，因此才有了"作家力口木木"的存在。

然而，也许是宿命使然，我无意剑走偏锋，却总是莫名把人生走成了不常规之路。只是，这次我很幸运，有许多"老木"们的支持，让我这样一个独特的女子，一个不愿走在庸俗路线上去写一堆陈腔滥调的文字，一个爱一本正经胡扯热血信念的人，从此相信自己能用文字的力量，鼓励大家和我一起向前。也正因为如此，我才能在一年半后的此时，完成了这本《人生不过三十而已》。

最后，终于来到了这一刻。

其实我是有些忐忑的。图书的编辑小姐姐似乎一直被我不羁的文字给惊吓到，总含蓄地对我说："你的书确实写得比较不一样，从你的文字可以感受到你的个性。谢谢你让我做一些删减，我就怕写得太直接会吓跑一些读者。"然而，"老木"们却说："就爱木木这劝世又厌世的味儿……"但我心里只想着："人生嘛，不是每个人都能理解自己的，坚持走好自己的路最重要。"

毕竟，"坚持""变强""初心"就是从头到尾贯穿这本书的主要精神。写作这回事，还非得从自己的个性出发才能写出好东西来，这可是真道理呀！

不过，倒是有件事情特别困扰我，就是每当别人问："你是写什么类型的书的？"不知怎么，连我自己都很难说出"心灵成长（励志）"这几个字来。

唉，不是，人们说我老是风风火火的，怎么看都和"写心灵成长（励志）"这人设相违和……好吧，最后我只好戏称自己写的这叫"战斗文学"。

　　还是说……这就是传说中努力到不自知的感觉吗？我走着走着，从"魔女路线"走成了"励志女王"？！

　　说到这，要提一件事。其实生活是我的，日子是我的，经验也是我的，我能够随口说出上百句刻在我脑海里的名言语录。太多大同小异的内容我不知是从什么时候就记下来了的，每次苦口婆心碎碎念着办公室的"小朋友"时，时不时便会喷出一句话，大家立刻叫起来："哇，快点写下来，木木金句！"但事实是，出于工作或自我满足的需要，不管是分析市场趋势的网文还是小说文学，我每天都会进行大量阅读，最后，长期累积下来的结果，就是这浑身上下散发出"书卷味"吧。有时，我自己脱口而出的一句幽默话，到底能否叫原创，连我自己都怀疑。

　　我想说的是，身为一个广告创意人，我相信"所有的创意都是从模仿开始的"。"创意之神"贾伯斯说："好的艺术家抄，伟大的艺术家偷，所以我们向来对偷取伟大的点子这件事，一点都不觉得可耻。"每次看到自己说过的"垃圾话"，被别人当成所谓的语录到处散播，我心里便想，如今，在这语录横行的年代，公婆各说各有理，真的只能一笑置之了，毕竟，有时笔现名言口出金句，不过也都只是我的强迫症使然罢了。

　　文章内容才是最关键的重点，心情分享才是最真实的感受。所有的信念前人已有过，我不过是换句话说出来罢了。在我的世界里，做事情的出发点都是讲感情的。我坚信，无论说什么话、做什么事，都要彻底坦率、善良真诚，因为感受绝对是骗不了人的。每件事，我未必能做到完美，但我会力求无愧于心。

反正早晚有一天你们会知道，人，若是心中没有信念，是走不远的。这世界，最虚假的不是童话故事，而是励志鸡汤。毕竟所谓的鸡汤不过是成功人士把鸡骨头给啃光了，留下清汤给大家喝罢了。

这辈子，大家都是头一回做人，我不是名声赫赫的人，实在没资格用"教你""告诉你"的语气来说事，我只是一直用自己的信念和态度在与大家分享。也许我没有能力解决大家的困扰与烦恼，但至少希望竭尽所能陪伴大家在茫茫的人生路上多走一段！让我们一起互相搀扶，尽量走得坚定一些，不至于孤单到走入绝境。

最后，哪怕我知道说出这样的话自己会害羞，但……我依然期盼自己可以成为一个有力量的人、一个有志气的人。

其实，我没有天真到自以为纯靠热情就可以改变世界的地步，我只知道自己若有能力去改变那些我看不惯的，就勇敢去做……至少，我已经从自己开始改变。我知道很多读我文章的人都很年轻，哪怕只有一个人被鼓励到，或是因此受到影响多坚持了一会儿，又或是一起朝着"成为自己想要成为的大人"的目标迈进，那这一本书的微薄影响力就真值了！谁说这不是我自己最务实的浪漫呢？

因此，看不看文章不重要，喜不喜欢喝鸡汤也不重要，坚持下去才重要。走过甜苦甜苦的青春，终成甜酷甜酷的大人——帅啦！

谨将这本书献给陪伴了我十七年的"狗儿子"小嘎。

谢谢你，陪着我追梦、筑梦、飞高、堕落、再起……这一路若没有你，我不会那么坚强。

谢谢你，陪着我留美、返台、在外吃苦……这一路若没有你，我学不会勇敢、独立。

谢谢你，陪着我踏入深渊、走入黑暗，又走出低潮、迈向光明……这一路若没有你，我熬不过来。

谢谢你，陪着我走过青春的美丽与哀愁，陪着我走过整个青春直至结束……

接下来的路，你在我心里。我会努力达成当年那些跟你夸下海口许诺过的事，日后，在我们重逢的那一刻，我会抱着你好好跟你炫耀。

谢谢你，我爱你，我也好想你……

还有很多感谢的话，不过，实在不想这篇后记越写越长，那就到此为止吧。